◆ 叶舟博士

／ 著

我们一起活过

——必不可少的七种生活习惯

100

岁

U0211025

CTS K 湖南科学技术出版社

图书在版编目（ＣＩＰ）数据

我们一起活过 100 岁 / 叶舟博士著． -- 长沙:湖南科学技术出版社，2018.2
ISBN 978-7-5357-9695-0

Ⅰ．①我… Ⅱ．①叶… Ⅲ．①中年人－生活－基本知识②老年人－生活－基本知识 Ⅳ．①TS976.34

中国版本图书馆 CIP 数据核字(2018)第 017061 号

WOMEN YIQI HUOGUO 100SUI

我们一起活过 100 岁

著　者：叶舟博士
责任编辑：罗列夫
出版发行：湖南科学技术出版社
社　　址：长沙市湘雅路 276 号
　　　　　http://www.hnstp.com
湖南科学技术出版社天猫旗舰店网址：
　　　　　http://hnkjcbs.tmall.com
邮购联系：本社直销科　0731 - 84375808
印　　刷：长沙市宏发印刷厂
　　　　　（印装质量问题请直接与本厂联系）
厂　　址：长沙市开福区捞刀河苏家风羽村十五组
邮　　编：410013
版　　次：2018 年 2 月第 1 版
印　　次：2018 年 2 月第 1 次印刷
开　　本：710mm×1000mm　1/16
印　　张：12
字　　数：130000
书　　号：ISBN 978-7-5357-9695-0
定　　价：42.00 元

序言

（一）

由于曾经的媒体工作关系，我接触过大量的老年人，并了解和观察到他们的生活，逐渐发现那些身心愉悦，身体康健的老人们在日常生活中都轻松自在，而精神萎靡的老人则大多体弱多病，烦恼也比较多。我发现大部分自我感觉不幸福，身体也多病痛的老人，其实主要原因并不是人生的不如意所致，而往往是他们的生活方式、生活态度和心灵状态陷入迷茫导致的。渐渐的，我便产生了编写此书的想法，将我所调查了解到的那些幸福指数高的老人们在生活中体现出的共同点归纳为七个方面，我把它们称之为七种生活，用人生哲学、心理学、生理学以及医药、养生知识诸方面逐一进行科学的证明，将之献给我们的父辈，也给予总有一天要老去的我们，希望广大老年朋友能够从此书中获得启示，活出一个幸福健康的晚年！

序言

（二）

人生只有百分之五是精彩，百分之五是痛苦，另外百分之九十是平淡。人到老年，回首往事，会发现人生往往被百分之五的精彩诱惑，忍受着百分之五的痛苦，而百分之九十的部分却是在平淡中度过的。

只要有人的地方，就有纷扰喧嚣、尔虞我诈，就少不了疲于奔命、贪婪躁动，免不了虚伪疯狂，纸醉金迷。这些都是构成人类社会永远存在的部分。而人到老年，经历了岁月沧桑，沉淀出了人生的智慧，无论身体和心理都已褪去锐气，进入安穆静守的状态。如果说年轻时的人生主题是经营事业，那么老年的人生主题则是经营身心，也就是养生。养生首先要有一颗智慧的心。

中老年养生的智慧要旨可以概括为七个字：简、慢、静、闲、乐、淡、品。

"简生活"是指生活的返璞归真。如繁华过后，复归平静，经历了人生大半部分的起起伏伏，繁复纷扰，人到老年，生活要复归简单和简化。好比行程万里之后，终只须一盏明灯，数张椅凳和在淡淡的茶香中其乐融融，无关紧要地述说着美丽往事的点滴，世界与你彼此看起来都是如此的简单。

"慢生活"就是生活的从容，如一首舒缓的音乐。盛年是一首高亢的乐曲，而人到老年需要在舒缓的慢音中享受暮年的时光。

　　"乐生活"就是要有乐观的生活心态，还要有保持乐观的生活方法。

　　"淡生活"就是清心寡欲的生活状态，所谓知足常乐，无欲则刚，对老年身心健康尤其重要，以及应该如何保持内心的淡定。

　　"静生活"就是指老年人的生活行为不要幅度过高和有太多的外界刺激，须以静养生，如一颗苍劲耸立，枝繁叶茂，阅尽人世沧桑的树。

　　"闲生活"就是摆脱一切功利心，找出生活中多余的空隙，在其中装饰美丽的花草，把晚年生活点缀得更美。

　　"品生活"就是让生活的每一天都成为生活的目的，不求结果。年轻时为了学业、婚姻、子女，生活本身常常变成了过程和手段，是为了达到一个目标。人到老年，须重回孩提的天真，让生活的每一天重新获得主体的地位，去发现生活，品味生活。幸福的晚年需要这种潇洒的态度。

　　"一箪食，一瓢饮，而不改其乐，使精神成为发掘一切快乐的根据"（钱钟书《论快乐》），本书将从以上七个宗旨入手，从人生哲学，心理学，并结合养生医药知识向老年人阐述老年生活的幸福之道。希望中老年朋友们能从本书中获得生活的收益。

常书远

CONTENTS 目录

>>>

第七章　　　品生活

第 一 章

简生活

现代文明的核心词汇是"进步"，相信生活会变得越来越好——更健康、更富有、更满足、更有趣。社会的进步，使社会生活的程式越来越繁多。现代文明的一个显著特征就是"复杂"。人们已经渐渐远离了先人的那种单纯生活，忘记了大道至简，使自己生活在复杂绳索编织成的网络中。

简生活就是在这样的时代背景下兴起的一种生活理念，是走过了大半生的疲惫后向复杂生活说不，重回一种古典式的单纯。

简单生活不一定是物质的匮乏，但一定是精神的自在；简单生活也不是无所事事，而是心灵的单纯。外界生活的简朴将带给我们内心世界的丰富，在简单中更能领悟到人生的真谛。

第一节 复杂的生活会滋生病痛与烦恼

1. 生活复杂，病痛乘虚而入

生活并不复杂，复杂的是人心。由于人心复杂，于是复杂了人事，复杂了生活。

生活本来很简单。金碧辉煌的豪宅，只是睡一张床而已；再昂贵的名车，去哪里的路程都是一样的；跑去打印店打印一份声明，与手写即就的纸笺，传达的意思毫无二致；在家门口的小店就能买到的绳子，出于习惯和迷信，偏要等到去更远的大超市购物时一并购买。不知何时开始，随着社会文明的高速发展，我们的行为变得越来越不喜欢直接，这个社会，有时总在有意无意地使许多事情的程序复杂化，久而久之，我们也养成了复杂处理事务的习惯，并影响到生活中的点点滴滴。

孩提时，我们的生活是那样的简单，该学习时学习，下课铃声一响，就去疯玩。想干什么马上就做，如儿童的简笔画，寥寥数笔，简朴单纯。晚年的我们是时候回归这种简单的生活态度了！操劳了大半生，不要再将盛年打拼事业时繁复的处理手段带进退休后的生活中，你的年龄已经适应不了那种繁冗。

老柳曾是某国企的厂长秘书，为人细心，处事一丝不苟，深得厂长倚重。退休后，也许是几十年工作中养成的严谨、细致、周到的作风不知不觉移植到了家庭生活中，以至把退休后的家庭生活过得复杂甚至压抑。比如水龙头坏了，为了便宜几块钱，不在家门口购买，偏要跑去好几站公交路远的批发市场。临睡时总要习惯性地检查一遍家里所有的窗门才能安然入睡。茶水不小心溅到地板上，把拖把拿过来后，往往索性把家里的地板全拖上一遍，弄得家里人都不自在。

老柳的身体本来一直硬朗，但退休才三年，就出现头痛、失眠，手脚发胀，去医院检查，还出现了从未有过的血栓。经人推荐，他买了一台家庭坐式治疗仪，但老柳嫌这么大件东西摆在客厅沙发旁边不美观，便把它收置在阳台上，每天和老伴要治疗时，才挪到客厅的电插头旁使用。结果身体不见好转，反倒每况愈下，就连老伴的病痛也多了起来。老柳自己除了身体下降外，还伴随着焦虑、抑郁等心理状况。

人们把事情弄得复杂，是一种过分的完美情结在心中作祟。总想做得更好，总有着过高的希求，唯恐简单就是粗糙。结果事情看起来是"完美"了，却把自己弄得筋疲力尽。更重要的是，长此以往还导致心理上的紧张和疲劳，而心理上的问题常常会影响生理，滋生身体的疾病。

很多人，尤其是那些事业心强，工作出色的人，退休后之所以会出现所谓的退休综合症，是因为退休后不懂得及时转变状态，无意识地把紧张、严谨的工作状态带入到生活状态中，忘记了生活态度与工作态度应该正好相反，生活的目的是为了过得舒适，是让你好好松懈下来，舒展每一根紧张的神经，调养身心。如果对待生活像对待工作一样苛刻、严谨，生活就会变得复杂，进而变得压抑。生活是由数不清的点滴细节组成的，一件小事或细节的复杂苛刻可能让人感觉不到什么，但许许多多点滴的复杂组合充斥在生活里，长年累月就会形成身心双重的紧张感，难免引发身心疾病，甚至像老柳这样波及家人的健康，因为一个家庭的生活状态是可以影响到全体家庭成员的。

习惯如果走入歧途，就会成为灾难。因为习惯固化了人们的思考模式，使生活成为机械化的程序，结果是复杂了你的生活和你的心情。你有了固定的轨道和角度，就可能只对自己的观念认可，无法接受别人的或者新的观念。一个人习惯性情绪越多，个性也就越萎缩，从而逐渐失去创新的想法和动力，使自己成为受习惯支配的机器。

在习惯的支配下，我们对这个嘈杂的世界、混乱的时空没有感到有什么不对劲，相反还习惯于为生活不断地制造麻烦的程序，也许只有到临终的时候，才会悲哀地发现，自己的一生，就这样自觉地成为一个复杂事物的零件，表面上主导着生活，其实一辈子被一种无形的复杂的力量所操控，不知谈何幸福？

切记，生活是为了使我们的身心舒适和放松的，它本身就是对工作的弥补。切勿迷失了生活的最终目标，拘泥于那些无谓的小节，把手段错当成目的，把方法当作成就。

生活的最高原则就是简单，越简单越好。如同水清则无鱼，简单的生活就像一个平平坦坦、一目了然的小花园，任何不速之客都无处藏身。复杂的生活就像到处是假山和路障，充满折叠冗余的空间和死角，自然容易滋生疾病，藏污纳垢。烦恼和疾病总是从那些阴暗的间隙中滋生出来的，这都是生活复杂化的结果。

2．心态复杂，心病从中而起

相比生活的复杂，复杂的人心、复杂的利益关系导致人际间的复杂，更是充满于我们的社会生活中。总有许多言者无意，听者有心的事，总有那么多的一言不慎，芥蒂终生。于是人与人之间出现了隔阂，言谈对话小心翼翼，简单的意思不愿明说，偏要醉翁之意不在酒。人与人之间不能敞开交流，而是互相设防，相互之间都把对方想像得复杂，更不要说尔虞我诈、相互争斗的险恶环境了。

哲学家有一种观点：他人是自己的镜像反馈。人与人之间是互相作用的，在你的人际关系环境中，你看到了一个怎样的"他者"，某种意义上与你自己对这个人的态度和心理有关。由于人人都喜欢把他人想像得复杂，由于总认为别人也复杂地看待自己，于是一个原本不复杂的人也被迫复杂了，因为唯恐应对不了他人的复杂。也许，每个人在人生的历程中多少都会形成这种所谓的成熟和老练。我不想完全否定这些特质，在一个复杂的社会中，只要不过分，这是无可厚非的。但这种适当的复杂应该只属于人们成年到盛年后的阶段，作为退休后的中老年人，请把以前内心的复杂清除，重归孩提时的简单。

盛年时，不敢太简单，因为面对复杂的世界，对世界有所企求。老年退休之后，事业已经完成，人生的主题是安度晚年，怡养身心。所以不要担心简单会给自己造成损害，你对世界已经无所谋，对他人也无所求，你的简单是为了自己，而自身的简单反过来会得到他人回馈过来的简单。

我们经常看到，有些人到了老年变得任性，口无遮拦，也就是人们常说的"老小孩"。这其实正是人生心理历程的自然变化。老人对世界已经不谋求什么，不经营什么，也无所谓得罪什么，得失已经看淡，自然心态简单，任性率真。反倒是那些曾经在工作、事业上的能人、强者或知识分子，退休之后却常常无法顺利进展到这个阶段。他们依然心思重重地看待生活中的事，一点小小的不如意就耿耿于怀，动不动就左右担心，前顾后怕，总觉得生活处处是凶险。

五十多岁的彭女士从事教学工作几十年，退休后出现了许多人都有过的空虚、寂寞、紧张、焦虑等所谓退休综合症，去医院还检查出了冠心病。彭女士容易忧虑，女儿辞掉高薪工作改行创业，她忧虑重重；退休在家的先生写了一本书，与出版方出现了稿酬纠纷，她比她先生还一肚子郁闷。有一次与弟弟谈天，弟弟以为父母从前留下过的一个鼻烟壶被她拿去了，而彭女士知道自己没有拿。那个鼻烟壶并不贵重，弟弟也只是随口一说，没放在心上，可彭女士却觉得深受委屈，感到被弟弟猜疑，回到家里郁郁寡欢，竟然委屈得流泪。

当彭女士在医院里检查出了乳腺肿块时，更像即将面临世界末日一般，觉得自己就快得癌症死了，茶饭不思，睡觉也唉声叹气，默默流泪，觉得与先生和女儿在一起的时光不多了。

医生指出，彭女士正是因为心胸狭隘，心态复杂，不能豁达地看待生活中的事，久而久之生出心病，而乳腺病变的病因正与过度忧虑有关。医生建议彭女士凡事看开，简单看待生活中的事情，中老年人不宜患得患失，对事情不要太过纠结和顾虑。

是的，简单的心态就像一张平铺开来的纸，豁然开阔，上面的东西一目了然。复杂的心态如同把这张纸揉皱，里面的空间变得曲折如迷宫，障目遮心，总怀疑哪个地方夹着一条虫子，疑神疑鬼。

如果你觉得自己的心态也像一张揉皱的纸，或者对折了几下，那么现在努力把它铺平吧。只有回归简单的心态，才能获得轻松自在的快乐。心态也是一种空间，空间复杂了，就要做减法，把那些心乱的纸团铺平，切勿把心态的空间给折皱。人间的许多事并不是那么复杂，如果复杂，是你观看世界的心太复杂。

3. 欲望复杂，则劳心耗神

有句话说：欲望是魔鬼。因为欲望会让人舍生忘命，让人不可自拔，停不下脚步，从而玩火自焚，两手皆空。但欲望也是一柄双刃剑。

欲望是人性的自然属性，正常人不可能没有欲望。没有欲望的人生不可想象。欲望是愿望的初级表现，欲望是构成人生前进的基础因子，由欲望到愿望，再由愿望升级为理想。所以，要区分欲望与愿望乃至理想之间的区别。欲望接近一种自然的动物属性，它的目标是短近的，追求一时的。

青年和盛年时，我们需要一点欲望的星火点燃愿望的发动机，进而插上理想的翅膀飞翔。我们需要这样一种机制努力工作，打拼事业，向人生的高处攀登。因为那时候年轻，我们身心的发动机经得住星火的不断点燃与激励。然而中老年人退休以后，身体机能正在消退，这时候便需要清心寡欲了。即使是青壮年人也往往容易被欲望的双刃剑所伤害，更不要说退休后的老年人。

无论是佛道还是世界各地的修行方法，都以清心寡欲为修炼的第一前提，欲望过多，则修行难以持进。退休后的中老年人由于不再为事业奔忙，比较起年轻人，理想、愿望这些概念已离他们远去，然而这时候，反倒那些生活中琐屑的小欲望在部分老年人那里容易占据到他们的生活行为中。有的老人即使生活条件不错，却爱贪小便宜，将小便宜所得转化为欲望的满足。我看到有的七八十岁高龄的老年夫妻，住着高档商品房，平时却到处留意哪里有便宜货买，哪个地方哪天打折优惠，于是老两口便不顾路途颠簸携手前去抢购，买回的只是一些随处可见的普通生活用品。试问这有没有必要？

如果您的生活并不拮据，与其花那么多心力打听便宜货的信息，不顾身体疲劳去远处购买一些没有多少意义的东西，不如把浪费在这些琐屑欲望上的时间做做保健，读点书报，或者与老朋友喝茶、下棋，做些陶冶身心的活动。钱财乃身外物，到了老年尤其如此。

当你把注意力放在那些琐屑小欲望并自得意满的时候，你暂时感觉不到身体正在被伤害。而冰冻三尺非一日之寒，老年人过于为得失而算计，为欲望而奔忙，经常为一些小事情小欲望给生活带来并不小的动作，长年累月的积累，必然会被欲望的"蛀虫"啃食掉身心的健康。

老年人应把握一个尺度，生活中多大的事情就配以多大的动作，小事小动，大事才大动，为了便宜十几块钱就让自己的身体受累这不是占便宜，而是亏了！切勿让琐屑的生活欲望支配了你的身心，一点一点损耗掉你的健康。

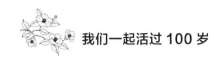

第二节 化繁为简，澄明简单

1. 简化生活程序，怡养身心

生活是一套程序，现在你知道了这套程序要力求简单，那么我们谈谈怎样做好这个简化工作。

就像所有的简化思路一样，人们首先进行的是筛选，剔除那些不重要的东西。那么生活中哪些是不重要的？

这些不重要的因素中有不重要的行动，例如上文中的老柳用个家庭治疗仪也要东挪西挪，这样的生活方式繁琐且让人疲累。还有不必要的心态，比如彭女士那样动辄为一点小事就思前想后，疑神疑鬼。老柳和彭女士都是心理因素导致了生活的复杂，只要疏通了心理的弊病，生活马上就会简单晓畅。

除此之外，简化生活程序还有一些容易被人忽视的小技巧。要想使生活简化，要做到生活的井井有条，化凌乱为简单有序，这是有方法的。

日本的居家达人、物品收理专家山下女士介绍过几条有益的经验：

第一，处理掉那些根本用不着的东西。不要抱着"以后或许有用"的想法。经验表明，凡是抱着这种想法保留的"废物"百分之八十都不会真的用上，往往到时候已经有了新的替代品。而老年人就更不必保存那些用不着的生活用品在家中了。

"断舍离"是当今流行语之一，它倡导的是一种新的生活理念。"断"，即不买、不收取不需要的东西；"舍"，即处理掉堆积在家里没用的东西；"离"，即舍弃对物质的迷恋，让自己处于宽敞舒适、自由自在的空间。

老年人要想晚年生活轻松一些、潇洒一些，更应讲究点"断舍离"。首先是断绝我们不需要的东西。

第二，储存物品的空间切忌塞满，应留予一半的空当。这是绝大多数家庭都没有意识和做到的。留下一半的空当，是为了物品的移动有足够的周转空间，存取便利。你一定有过这样的体验，在一个塞得满满的柜子里找东西，累得腰酸背痛，且花去了不少时间。找到后，你还要重新整理储柜，由于时间已过得太久，人变得疲累烦躁，你可能就只是马马虎虎塞进去了事，久而久之储柜里越来越乱，以后存取物品越来越麻烦。

第三，家中常用品都置于人的胸部以下的位置。尤其对老人而言，这一点很重要，因为经常拿放在高位的物品，容易疲累。

此外，简化生活还有一些其他的小细节，现总结归纳如下：

（1）超市购物：尽量不买那些带赠品的，比如赠送饭盒、勺子、杯子等。久而久之，它们会让家中的物品堆积凌乱起来。

（2）旅游纪念品：不轻易购买，只买有独特意义的纪念品。

（3）对大街上打广告的免费扇子、纸巾等不要总是来者不拒。

（4）单任务：事情一件一件地做，做完再做另一件。不要让自己在多个任务之间来回切换。

（5）两分钟原则：任何事情如果花的时间少于两分钟，就马上去做。两分钟是一个分水岭，这样的时间和正式推迟一个动作所花的时间差不多。很多人总觉得两分钟能做的事很容易，所以养成拖延的

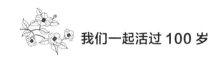

习惯，其实不知不觉对生活事务造成了积累和杂乱。

（6）列清单：拿出一张纸，列出一周内要做的几件事。事情不要太多，只列重要的。每周基本上相同，可略作调整。以周为时间单位提醒自己该做的事，目的是排除一些不必要的事情的干扰。

2. 把心态放简单，到老须 "半糊涂"

生活可以复杂，可以简单，看我们拥有怎样的心态。简单就真实，平淡则淡然。所以有时候，生活需要一点"糊涂"。"糊涂"了，这个世界在你眼里就会变得简单，不是有句话说，聪明难，糊涂更难吗？说起这个出处，不得不提郑板桥。

郑板桥在山东做官时，民间流传了很多关于他的轶事，其中有一则就是关于"难得糊涂"的来历。据说那一年，郑板桥为了观看郑文公碑，来到了山东莱州的云峰山，山中天色晚得早，他来不及下山天便黑了，无奈之下，郑板桥来到一间山间茅屋的外面，请求主人能收留他一宿。

茅屋的主人是一位儒雅的老翁，自名为糊涂老人。让他惊奇的是，老人的书桌上放着一只质地优良、镂刻精美的砚台，郑板桥极为喜爱。老人见此便请他在砚台的背面题上一句话，郑板桥想了想，写下了"难得糊涂"四个字，并用了"康熙秀才雍正举人乾隆进士"的方印。

因砚台还有空白处，老人便写下了一段跋语："得美石难，得顽石尤难，由美石而转入顽石更难。美于中，顽于外，藏野人之庐，不入富贵之门也。"他也用了一块方印，印上的字是"院试第一，乡试第二，殿试第三"。郑板桥大吃一惊，这才知道老人原来是一位隐退的官员。

郑板桥眼见砚台还有空隙，又想到了老人的名称，便也写下一段：
"聪明难，糊涂尤难，由聪明而转入糊涂更难。放一着，退一步，当
下安心，非图后来报也。"

后来"难得糊涂"四个字经常被一些人当作座右铭，提醒自己做
任何事情，要拿得起放得下，要悟透人生。难得糊涂方是人生佳境。

糊涂有时候其实是深明事理。郑板桥在山东潍县做官时，就审过
一件"糊涂案"。这是一件和尚与尼姑偷情的案子，轰动一时。偷情
的和尚、尼姑出家前原是一对情侣，后因遭遇变故，各自遁入空门。
在郑板桥看来，二人情缘未了，私下相会，也是人之常情。他是如何
审判这件偷情案呢？郑板桥经过调查研究，细加审讯，了解到故事背
后的真情。于是，他根据道家"大智若愚"的原则，既然违背空门教规，
那就叫他们走出空门，重回世俗社会，去圆这对情侣的美梦。于是，
他决定成全他们，当即宣判：和尚、尼姑都还俗。一笔风流案就这样
模糊过去了。

只有历经人生沧桑，沉淀出人生智慧的人，才能领悟有一种明白
叫"糊涂"。因为许多事情你已经见过了，许多事情你已经能想到。《圣
经》说，阳光底下无新事。人到老年，对世事已经有了一种自己的总结，
无须凡事处处较真，一件事情这样也好，那样也罢，已经能够打破它
们之间绝对的界线，以更高的眼光把世事在心中整合为一。所以一个
智慧的人，到了老年，常常会出现时而老道明达，时而糊涂的状态。
我们称为"半糊涂"。

　　"半糊涂"不是真糊涂，而是不再去处处较真，不再把那些不重要的是是非非都去探究清楚。这是历经沧桑，对世事了然于胸后的一种升华，是拿得起放得下的人生彻悟。"半糊涂"是大事明，小事愚。小事愚，换来的是大回报。

　　三国时的曹操在历史上以精明多诈著称，然而他焚烧下属私通袁绍书信的事，却是一件典型的"糊涂事"。公元２００年，曹操在官渡打败袁绍，在收缴战利品的过程中，发现了许多自己军中的将领暗地写给袁绍的书信。在一般人看来，这正是一个整肃内部阵营，查明哪些人是不稳定因素的良机。然而曹操却下令把这些书信通通烧毁，令在场所有的人感到震惊。曹操说："当初袁绍势力那么强大，连我都害怕不能自保，何况大家呢？"在场的人无不钦佩曹操的肚量，那些暗通袁绍的人也暗自感激不尽，从此对曹操更加心甘情愿地效力了。

　　所以一个有智慧的人会懂得生活中不必事事精明，不是每件事情都有必要弄清真相，探个究竟，辩明是非。而是该精明时精明，该糊涂时要糊涂，适当的糊涂会得到生活的回报。把世事看透了，就会懂得化繁为简，不拘泥于局部的是非之中。可惜的是，很多老年人做不到这一点，一辈子以"精明"自恃，在生活中处处较真，却不知自己已经日渐衰退的精力放在这些"精明"上，反而使身心得不到放松，与老年人应有的修身养性之道相悖。精明过头，就会给自己带来伤害。明朝吕坤在《呻吟语》中说："精明只须藏在浑厚里作用。古今得祸，精明十居其九，未有浑厚而得祸者。今之人倍惑精明不至，乃所以为愚也。"

后面一句十分耐人寻味，意思是现在的人唯恐自己不够精明，这正是他们愚笨的原因。因为精明过头，就会走到精明的反面。有意思的是，人们通过经验观察，发现很多老年痴呆症患者，曾经都是十分精明厉害的人。世上一个重要的规律就是物极必反，精明也是一种有限的能量，许多人过分透支自己的精明，到了老年便以痴呆作为一种人生的平衡。

3. 只有清心寡欲才能益寿延年

人到老年，不能再让外界事物的变化来支配自己的身心起伏。要回归到我是我，我自己才是支配自己喜怒哀乐的本体，外面的世界为我所欣赏，但不是操控我内心的主人。要达到这种不被外界所支配的境界，善于自娱自乐是一种外在表现，而核心的前提就是清心寡欲。

所谓无欲则刚，就是说人对外界不再有那么多的欲望、野心和企求了，不再想去谋一杯羹而让名利与诱惑给自己套上枷锁，这样你的喜怒哀乐自然就不会沦为外界变化的"计量表"，达到"不以物喜"的境界，情绪和心灵不被外界所控，身心为自我所掌，自然强大刚健，不轻易因外界刺激而受到伤害。

老李退休后闲不住，总想做点事情，无奈体力、精力不济。后来受他人的影响，玩起了股票，因为炒股无须多少劳累，还有一夜暴富的诱惑，老李一进去就上了瘾。每天盯着点数的涨跌，尝过了一点甜头后，越投越大，把大半辈子存款的多数都投进了股市。为此还跟老伴闹了别扭。

当股票涨到某点时，有人劝老李抛掉。此时卖出可以赚得四十多万，也有人说可以再等等，还会继续涨。老李选择了后者。结果差之毫厘，失之千里，谁想股市突然暴跌，稍稍晚了一步，老李就赔了几十万。老李当时就心脏病发作，送进医院急救。

后来股市持续低迷，老李每天忧心忡忡，还经常跟老伴怄气。过得很不快乐，身体也越来越差，几次住院治疗。

长期以来就有专家指出，老年人不宜炒股。老年人大多身体机能退化，还常常伴随各种疾病，身心不宜受外界事物变化的频繁刺激，尤其是有心脏病的老人，毫不夸张地说，炒股等于是让自己去冒生命危险。

回想一生，你曾为事业，为目标，为养家糊口，为子女的成长教育奔忙了大半辈子，这大半辈子也正是你把自己交给"外界"的大半辈子，是你不得不付出努力渴望回报的大半辈子。如今，不要再让"欲望"继续维持你与外界的这种主从关系了，请回归自在吧。自在就是为自己而存在，自己做主，把身心从世界的束缚中解放出来，摆脱欲望的挟持。因为欲望是一把可以继续让外界的车轮拖着你走的镣铐，只有当你清心寡欲了，你才会体会到这种自在轻松，才能回归自我，沉淀下来修身养性，益寿延年，过一个平安幸福的晚年。

唐代诗人白居易说："自静其心延寿命，无求于物长精神。"当代作家冰心也说："事因知足心常乐，人到无求品自高。"科学家也认为，知足常乐淡泊名利的人会健康长寿。因为他们个人欲望不高，不在世俗中随波逐流，不为争名夺利而苦恼，自然化解了心理危机，防治了心理疾病。由于精神轻松，机体的生理功能处于最佳状态，免疫力高，抗病力强，病魔也要退避三舍，自然会延年益寿。许多老寿星，活到百岁还耳聪目明，口齿清楚，思维敏捷。当他们讲述长寿秘诀的时候，无一例外的共同点都是知足常乐，无虑少求。可见清心寡欲同健康长寿有着十分密切的关系。

百岁老人叶宗滨，5 岁成孤儿，8 岁出外流浪乞讨为生。后来在温岭羊角洞被一名好心的道长收留为道童，传之以道教精髓。25 岁那年，他来到天台山桐柏宫主持道务。20 年后，他离开桐柏宫，在平桥镇后村一个小庙里安家，娶妻生子，度过了好几十个春秋。

有记者前去采访他，探察老人的养生之道。令人意外的是，叶宗滨老人从来不练功，包括气功、太极拳，都不练。他首先向我们提及的，是养生先"养心"。庄子《逍遥游》中告诉人们，养生之要惟在闲放不拘，怡适自得而已。一个人若是存有私心、贪心、邪心，那么对悲欢、爱恨、好恶就不能善于自我调节与高度节制，这样就会影响身体的健康。老人认为"养心"的灵丹妙药就是"清心寡欲"："清心"，然后能去贪心邪心，并能"知足"；"寡欲"，然后能"知止"，在进退取舍上，拿捏得准确，使自己不至于陷溺于苦恼，怨恨的深渊之中。

叶宗滨老人声音洪亮，中气十足。其登楼、开门的动作，均显示出一种健康的神态。他和老伴生活在一起，日常的饮食起居及一些轻微的劳作均能自理。前几年去医院体检时，医生发现他的气管还不曾老化，心肺、血管均很健康。

老人爱好书法，书室中张贴着他自己书写的一张条幅："罪莫大于可欲，祸莫大于不知足。"这就是他的养生格言，归结起来无非就

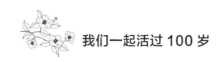

是慎嗜欲，慎饮食，慎愤怨，慎烦劳等。看起来没有任何奇特之处，但要真正几十年如一日地做到这一点，却并不容易。

清心寡欲是一种与世界拉开一定距离的修心之道，它减缓了这个充满物欲的世界对你生命的引力强度。而物欲世界的地底就是死。清心寡欲的人与那些贪婪不知足的人相比，向生命终点坠落的速度要慢，从而可以延年益寿。

第二章

慢生活

中国人听琴，听的是弦外之音；喝酒，喝的是酒不醉人人自醉；喝茶，"茶"字就是"人在草木之间"，喝的是人归草木：这几件事的妙处全都在一个"慢"字。什么是慢呢？就是忙而不乱，保持一种举重若轻的态势，不至于在快节奏的兵荒马乱的生活中慌乱自己的步伐。你固然是在做着事情，却也能体味事情之外的东西。

慢是一种心态。慢生活，就是在生活中找到一种平衡，以慢的姿态和理念更积极地投入生活，放慢脚步，细细咀嚼生活的每一个瞬间，让生活呈现出细致、从容、优雅、柔软、雍容、智慧、练达、朴素大气的品性。

慢，是人到老年体现出的从容，不挣扎，不恐慌，是对人生高度把握下的闲庭信步。

且用"慢"，来体现老年生活的从容、富足与自信吧！

第一节 别让性急的"好习惯"害了你

1. 快节奏生活等于快速消耗你的健康

有的人退休后，想把以前想做但因工作忙没时间做的事都放在晚年去实现，想以此过一个精彩的晚年，不让人生有遗憾。于是便像以前工作一样把退休后的生活内容计划得满满的。

我看到过一位老工程师退休后的日常生活安排表，他一项一项地

列清楚每天活动内容和时间的长短，压在茶几玻璃板下：

（1）６：００起床，去公园打太极拳

（2）７：００吃早饭

（3）７：３０买菜

（4）８：００看报、读书

（5）９：００去某某理疗中心做理疗

（6）９：４５学跳交谊舞

（7）１１：２０回家做午饭

（8）１３：００午睡

（9）１４：００去老年绘画班学绘画

（10）１６：００去老年活动中心下棋、聊天

（11）１７：００去幼儿园接孙子

（12）１８：３０饭后散步

（13）１９：３０看电视

（14）２１：００练二胡或画画

（15）２２：３０休息

此外，还有每周末参加老年人自行车慢骑运动和周日爬山活动。

从这个列表可以看出，这位老人退休后的生活还是蛮丰富多彩的，可以说很有质量。但进一步想想，就会发现这种严丝合缝的安排，似乎把生活弄得太紧凑了，每天的内容相当丰富，无形中把生活变成赶场子一样，势必处于一种忙碌的快节奏中。长此以往，难道不累吗？

果然，当我两年后再去看望这位老工程师，他那张紧凑的每日安

排表已经不见了。听他老伴说，自从老先生得了一场病后，就没有富足的精力每天做那么多活动了，病愈后身体还不错，现在也就是每天坚持晨练，然后跟老友们下下棋、聊聊天，兴致来了拉拉二胡而已。老先生红光满面，爽朗健谈，看起来也毫无病态。

这就对了！老年人的生活节奏还是慢点好。这位老工程师退休前是一位在工作上雷厉风行的人，做事果断，人也很性急。有很多这样曾经在工作上比较出众的人，退休以后，对生活也有着较高的要求和规划，不自觉地像对待工作一样给自己制定退休生活计划，要求"按时按量"完成。并且由于感到人入黄昏，人生已过去大半，想做而没有做的事一定要抓紧去做，不知不觉把自己的生活内容排得满满的，于是难免把自己置于一种快节奏的生活之中，这实在是聪明反被聪明误。

因为这样的生活尽管丰富充实，但过快的节奏甚至比退休前的工作更易让人疲累，因为它内容零散繁多，进程紧凑，这实在是有违老年修身之道。老年人的身心机制恰恰已经不能适应这种快节奏生活，老人需要的是"慢"，人生的大半部分已经匆匆走过来了，现在需要是放慢脚步，细心品味。

我们知道，科学的跑步运动是由慢到快，再由快到慢，直到停止。人生也是如此，孩提时阳光灿烂的我们，生活节奏其实也挺"慢"的，因为孩子的生活内容简单，没有太多步骤安排（如今一些家长给孩子安排许多课外培训另当别论），我们也常常觉得儿时的时间过得缓慢；青年及中年后，我们便进入了一段漫长的忙碌时期，这段时期也总令人感觉岁月匆匆；老年的时候，便须要再次慢下来了，慢慢品尝沿途的风景，时不时地回首过去。

这是人的一生中正常的生理变迁过程。可惜很多老年人不懂得这一点，有的人一辈子性急如火，到老来做事仍然风风火火，并引以为优点，却不知对身体造成的隐患已在其中。

2．快节奏与长寿命成反比

"快"一直被我们赋以褒义，性急一般也被看作是性格的优点。可有谁想过，好坏没有绝对。对老年人来说，太"快"了，可能会加速磨损你的身体健康，太"快"了，会加快驶向人生的终点！资料显示，慢性子的人普遍比急性子的人寿命长一点，这主要可能是因为性急者让性急主导了生活的节奏，让性急影响了心灵的平静安详。

急出来的心脏病

专家解释，人长期处在快节奏的忙碌状态，性子会越来越急，心律会加速。而老年人更容易因此罹患心律失常。心律失常会对人们生活造成不利影响。卫生部中日友好医院心血管内科副主任医师曹启富告诉记者，超负荷的工作以及因此带来的焦虑、急躁等情绪，会使人常常处于应激状态，从而提高心脏病的发生几率。

各种"心疾"找上门

"1分钟剥1根香蕉皮，你能轻松完成。可过快的生活节奏却像要求你在1分钟内剥完100根香蕉皮！"王国荣如此比喻。早在上世纪七八十年代，著名心理学家贝克就在书中写到，美国至少有2200万人

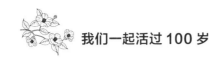

遭受"慢性恐慌症"的困扰,这些人时刻充满紧迫感,觉得自己还有无数的事情要干。正是这种快节奏的紧迫感摧毁了他们的健康,而且出现焦虑、动力缺乏、狂躁等心理疾病。

"快"出来的失眠症

上海市中医失眠症医疗协作中心副主任施明告诉记者,40%—55%的失眠症是由精神心理因素引起的,其中很重要的一条就是节奏太快。快节奏的生活一方面会导致你的大脑在晚上仍然很亢奋,身体想休息了,脑子却"关"不掉,难以入眠。尤其是晚上身心保持着亢奋的运转,更会使生物钟产生混乱,影响内分泌的正常分泌规律,导致失眠。很多中老年人有失眠现象,应该找找原因,是不是你的生活节奏太快了?

"快"出来的胃疼胃胀

营养专家总是不厌其烦地告知:吃饭慢一点能促进消化和吸收。有的人5分钟就能解决午饭。曾有调查显示,近40%的人曾因吃饭过快引发胃疼、胃胀等不适反应。中国农业大学食品科学与营养工程学院副教范志红表示,吃饭太快容易导致消化代谢功能紊乱,引起便秘,导致吃太多等问题。

性急可能是一种好习惯,但别让性急统治了你的生活。学会慢下来吧,别太快了!老年人的生活要悠哉一点,不要让自己像明星一样把日程安排得满满的,在生活中多留一些间隙,多留一些闲时,节奏自然就会缓下来。不要太贪婪,给自己安排太多的活动任务,生活是享受,是品味,不是制定工作计划,完成产量。在你老年的生活中即使出现忙碌的时候,也要学会忙里偷闲,强制自己休息,让自己的心灵得以休憩，这样才能保持心灵的从容平静，身体的安泰和康健，如同一列慢悠悠的老爷车，把人生的黄昏拉得悠悠长长，多一些时间欣赏沿途的风景。

3. 做不成夸父，反输掉了余生

我很明白有些老人把自己置于快节奏中的心理。

有的人由于在单位里工作出众，举足轻重，习惯了优秀，故退休后的生活也不甘于普通人的平凡，给自己安排了很多内容，把退休后的生活塞得满满的，觉得这样的晚年才有质量。

还有的人是为了弥补年轻时的梦想。比如有的人年轻时有成为音乐家的梦想，有的人想过当画家，还有的人想创办一个承载自己理想的公司，但由于阴差阳错没有走上心中理想的道路，也一直没有多少业余时间去实现。于是等到退休后，在卸下一身负担的轻松和寂寞中，年轻时的理想重新被唤醒……而这个时候，偏偏又感到人生的时间已经很有限了，于是他们便加快了那已经被远远落下的理想的车轮……

我曾经的一位老上级，对世界各地的文化地理、人文景观颇有兴趣，他一直有个梦想：周游世界。在尚未退休前就说过，将来退休有了时间，一定要把世界上所有值得去的地方都去一次。65岁退休后的他已经有了较多的积蓄，经济上不成问题，于是开始了他的周游世界之旅。他说趁现在身体还跑得动，得赶紧去游历，还不知道这辈子能不能把世界周游个遍。

于是从新马泰到悉尼，从泰姬陵到金字塔，从加拿大的落基山到

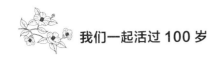

美国的夏威夷，从墨西哥的玛雅古迹到秘鲁的印加遗址，几乎每年的大部分时间都在马不停蹄地在世界各地的著名景点游览，有时候中途还不回来，游历完一个地方就直接飞越半个地球赶赴下一个计划中的地点，享受着工作时无法实现的周游世界的乐趣。

遗憾的是，我这位老上级没能完成他游遍世界的理想，于71岁那年，他的脚步永远终止在了梦想的中途。

大约在 68 岁的时候，他每游历过一个地方就会生一次病，有时候会感觉呼吸困难，经检查出现了心源性哮喘。他的身体向来硬朗，这并没有阻挡他旅程的步履，只是放慢了脚步，不再马不停蹄地在世界各地切换。70 岁时，他的哮喘加重，在一次旅游回来后昏厥，被送往医院急救。

在生命的最后一年，他还想去一次国内的杭州，那里有他大学时代的记忆。结果就在西湖边心绞痛昏厥，送医院经抢救无效后，永远离世。

医生告诫，老年人不宜频繁地远距离奔波，旅游的次数和间隔要适当。很多老人每次旅游回来，都会出现一定程度的身体不适。尤其像我那位老上级，大半年时间在世界各地奔来赶去，为了抓紧利用晚年的时间游遍世界，经常中途还不回来休息，而世界各地的气候、水土差异很大，从世界的一端猛地飞到另一端，只是半日之隔，对人体的承受和适应性而言却是一种考验。有时候游玩的快乐心情会暂时压制身体的感觉，其实身体已经悄悄在旅途中加速了自身的磨损。这就是为什么许多老年人旅游回来后多多少少会感到有些不适的原因。

　　你觉得人生有限，年近黄昏，要抓紧时间多做一些事来丰富老年生活，但世事就是这么吊诡，你越是抓紧时间，越是快步行进，留给你的时间可能越少，因为你是在以对健康的损害为快节奏做代价。就像神话传说中的夸父追日，夸父想要追赶太阳，把太阳摘下，于是不停地朝太阳奔跑，最终体力透支，渴死在中途。如果夸父不那么志在必得，不那么急不可待，而是怀着不计成果闲散淡然的心态朝着太阳的方向缓缓前行，赏玩沿途的风景，他的生命还会持续很久，而他的梦想（追日）也会持续更久，虽然不会真正抵达目的。

　　作为老年人，想在余生慰藉自己未曾实现的梦想是无可厚非的，但有件事情一定要告诉自己：此时的梦想应该只是作为你生活的一份享受，而不是作为必须实现的目标。也就是说，值得去做，但不计结果和成效，这才是应有的心态。

　　想做什么就去做吧，但不要在心里给自己布置"作业"，老年人即使是学习，也应该是为了享受乐趣，而不是必求成果。制定了目标，就会有压力，你就会不知不觉加快生活的车轮，让病痛更早地找上自己。你最终会发现，不做计划，不计结果，仅仅是慢悠悠地享受自己喜欢的事情，你会为你的晚年赢得更多。

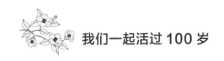

第二节 慢慢来，悠着点

1. 慢节奏对老年健康的好处

总的说来，过快的生活节奏，正日益侵扰现代人身心健康。年轻人充满朝气，精力旺盛，还能勉强适应快节奏的生活，但是对身体各器官逐渐衰退，对外界反应已经不够灵敏的老年人来说，快节奏的生活很容易诱发疾病。事实证明，老年人将生活节奏放慢一些，有利自身的健康长寿。

慢生活是植物般的生活

慢生活，就好比植物的生长。想想看，有哪一株植物是飞速猛长的呢？只有揠苗助长后的死苗。植物的生长无不是慢慢悠悠，从容优雅。世间凡慢慢成长的事物都是最有质量的：一季稻和晚稻比早稻更好吃也更有营养；正常生长的食用家畜与现在用激素催长的相比，肉味更鲜美；任何技艺的学习，稳扎稳打的进步比那些速成之法的功底要厚得多，也走得更高更远。生活的节奏也是一样，慢慢悠悠，与天地日月同呼吸，与草、木、鱼、虫等万物节拍一致，生活才会更加意蕴绵长，这正符合中国人对"天人合一"的追求。

在我老家的农村，有一个80多岁的老人，身体硬朗，几乎没有得过病。他总是牵着牛，慢悠悠地走上山坡，牛在一旁吃草，他在一旁轻轻地哼着山歌。老人唱了几十年山歌，他根本不需要听众，他的听众最多是一头牛、一只羊，他唱山歌的背景没有舞台与灯光，背景就是山坡上随风起伏的庄稼与草浪，还有山梁上的蓝天。

老人曾用一种缓慢的语调告诉过我，他没有文化，却记得一年的24 个节气：立春、雨水、惊蛰……白露、秋分、寒露、霜降。

所以，老人几乎不看日历，只看山坡与田野里的植物与庄稼，就能准确地感到季节的更替，嗅到季节里的气息。比如小满，麦类等作物的籽粒就开始饱满了；芒种，麦类等有芒作物成熟了；草叶上有霜了，那是霜降了。

老人植物般的慢生活已经与大自然之间产生了通感，他很好地诠释了"天人合一"的生活理念。

周润发座客央视《艺术人生》栏目时，主持人朱军问他成功的秘诀。

周润发从容道来："与太阳保持一样的作息时间"。

他的意思是，白天工作，晚上睡觉，从不透支体力与时间，他过的是一种慢生活。

著名武侠小说家金庸先生，是一个生活得慢条斯理的人。他说话慢吞吞的，让人以为他有结巴，走路也是慢吞吞的，看起来像大象的脚步。

金庸先生笑眯眯地说："我的性子很缓慢，不着急，做什么都是徐徐缓缓，最后都做好了，乐观豁达养天年。"

这位武侠小说宗师说："武侠小说也不是天天刀光剑影，打一会儿，就要吃饭，睡觉，喝茶，要像如歌的行板那样，张弛有度。"

快生活是动物式的生活

现代人过的快节奏生活，其实更接近一种动物式的生活。像森林里弱肉强食的动物一样，一辈子都在奔跑和迁徙，时时刻刻竖起耳朵听着外面的动静。

看一看动物们的睡眠吧。生活在海洋中的鲸鱼，睡觉的时间很少，如遇大风大浪干脆不睡，风平浪静以后，一条雄性鲸鱼，会把所有家庭成员——几条雌鲸和幼鲸聚集在一起，以鲸头为中心，相互依偎着，呈辐射状漂浮在海面上。羚羊短暂的睡眠过后，醒来后第一件事就是开始奔跑。马是站着睡觉，牛是跪着入眠，海豚睡觉时要睁一只眼闭一只眼，长颈鹿每天的睡眠只有两小时。一只睡着的鸟，为什么不会从树枝上滚下来？因为它们睡得越熟，爪子就会把树枝抓得越紧。

这些动物们的睡眠，多么不容易啊。所以动物中，除了以慢著称的龟类外，寿命都不长久。

现代人的生活，其实也像这些动物们的睡眠一样，成为一群神经紊乱者。

一切从"慢"，健体延年

在医疗方面，国内外越来越多的专家意识到，无论是日常生活，还是医疗养护，保持一个"慢"字，对老人的健康有明显的益处。

这个慢字体现在三个方面：

一、生活节奏慢。老年人要慢慢做事，凡事不可操之过急，不宜让自己陷入太多琐事中。生活中要有一定陶冶身心的娱乐活动和较少的运动，这样既能维持一种缓慢的节奏，又能锻炼老年人身体机能，使身体不致快速退化。过快的生活节奏和过多的运动、劳动，都会对已经逐渐衰退的身体器官造成负担。

二、动作要慢。老年人的各种器官已经退化，骨质也比年轻人要"脆"。医生告知，人体的骨关节都是有使用年限的，会随着年龄的老化而自然磨损，这是不可抗的因素。许多老年人还会得相关的骨关节疾病。所以在生活中，做任何事放慢动作，有利于自身安全，以及延缓身体器官和骨质的折损。

三、疗养要慢。老年人得病，在治疗祛病上不宜操之过急，不适合"猛药"、"急治"。美国达特茅斯医学院老年医学专家丹尼斯·麦克科鲁斯率先提出了"慢药"理念。他认为，应逐渐降低老人使用药物的剂量，也没必要让老人过于积极地做诸如 X 光片等过多的检查，华而不实的治疗反而会增加老人的困扰。比起滥用药物，以家庭为中心的照护，更多的倾听和帮助，是治疗老人疾病最好的"慢药"。

频繁地服用各种药物和做过多的检查，是一种医疗上的"快节奏"。这种过快的治疗节奏其实会对老人已经衰退的身体器官造成额外负担，加重身体机能的荷重。所以老年人在疾病的治疗上，也应该戒急忌猛，"慢慢地"对抗和治疗疾病会更有益处。

慢生活将成为未来生活的趋势

车子限速行驶人尽皆知，可人限速行走你听说过吗？在德国，有些道路竟然限制行人的行走速度。几位来自中国的游客，由于在街头行走过快被人纠察，好说歹说才被放行。并被告诫：要慢慢走，否则一定罚款。

无独有偶，罗马街头有一伙人，他们拿着秒表和计算器，看见谁走得快就上前劝阻，提醒：一定要慢行。

这样的做法对于中国和中国人来说，是难以接受的。可这种"慢生活"的理念正在受到西方人推崇，并有可能成为未来社会人们生活的发展趋势。

早在 1986 年，意大利记者卡洛、佩特里尼被十多名学生坐在广场上大嚼汉堡的场景所震惊。为唤醒人们遭快餐催眠的味觉，他发起了"慢餐运动"，并成立了"国际慢餐协会"。从此慢食风潮从欧洲席卷全球，并由此发展出一系列的"慢"生活方式。如慢饮、慢写、慢爱、慢读书、慢旅行、慢设计、慢运动等。

至今，全球已有 11 个国家的 90 个城市成为"慢活城市"。由美国记者卡尔奥诺创建的"找回你逝去的时间"运动，从四年前开始就举行"时间大会"，并已向美国国会建议，每年 10 月 24 日为"官方无手表日"，他们号召人们扔掉闹钟和手表，找回被工作挤占的业余时间，寻求一种悠闲自得的生活方式。

看过西方的"慢生活"方式，再看看中国的快节奏生活，两者形成了极大的反差。当今的中国人很爱赶时间，最爱"快进"：拍照，最好是立即可取；做事，最好是名利双收；创业，最好是一夜暴富；排队，最好能插队。吃饭急、睡觉急、上班急、下班急、走路急、堵车急、等车急、坐车急、说话急、办事急、360 行各行各业都在急，一年到头都在急。

开车急，于是交通事故频发；采矿急，重大矿难屡禁不止，一个个鲜活的生命瞬间被恐怖的黑洞所吞噬；工程急，新建桥梁突然坍塌，到处都是豆腐渣工程；教育急，幼儿园就提前学习小学的内容，等上学了，为了所谓不输在起跑线上，又是各种课外辅导班，弄得孩子童年没童趣，无视揠苗助长违反成长规律。

中国似乎被快餐化了。饮食快餐，娱乐快餐，阅读快餐，情感快餐，连婚姻也快餐——"闪婚"，还有什么"五分钟聊天"、"八分钟聚会"，如此等等，中国人似乎变成了最着急最不耐烦的地球人。

　　由快和急造成的负面影响，充斥着我们生活的方方面面，每个人都有感受，每个人都有经历，每个人都程度不同地身受其害。

　　快生活给人们的身心造成了极大的危害。据世界卫生组织调查显示：全球每年约有190万人因劳累猝死，每百人中就有40人患上"时间病"。因节奏太快，生活压力太大，人们机体免疫力急剧下降，诸多疾病因此发生，以致死亡，中国现已有3000万抑郁病患者。

　　诺贝尔文学奖获得者、著名作家昆德拉说："慢的乐趣怎么失传了呢？古时候闲荡的人到哪里去啦？民歌小调中的游手好闲的英雄，漫游各地磨坊，在露天过夜的流浪汉，都到哪里去啦？他们随着乡间小道、草原、林间空地和大自然一起消失了吗？"

　　快和急是世界性的通病，只不过对于发展中的中国来说更加明显和突出。毋庸置疑，中国目前为了发展经济，繁荣社会，确实需要"快"，以至全社会弥漫在一个"快"中，然而凡事都要有度，破坏了度就破坏了协调，过犹不及，欲速则不达。

　　而事物总是这样，快到一定程度的时候就会慢下来，生活也是这样，"慢生活"是人类历史发展的必然趋势。西方人已经越来越注重"慢生活"，随着中国社会经济的进一步发展，我们也必然会懂得缓下脚步，进入慢生活的节拍中。毕竟，中国的传统文化生活具有鲜明的"慢"特征：悠然恬淡的田园牧歌，从容不迫的茶禅一味，如慢音旖旎的园林文化，以及琴棋书画，诗酒花茶，无不体现在慢的优雅和气度中。孔子的"中庸之道"就是一种"慢"，是对度的掌控，慢得不偏不倚。

　　在全世界倡导"慢生活"的今天，我们也看到中国的可喜变化。江苏省高淳县成为中国第一个"慢城"。人们的思想观念也发生了重大变化，一次一个人去丽江旅游，他看到那里的人生活节奏很慢，很悠闲，便走上前去问一位老人这是为什么？老人笑着说：人生的尽头是什么？游人答是死亡。老人接着说，既然是死亡，那为什么要急匆匆地向死亡奔呢？为什么不拉长时间，享受生活呢？

随着"慢生活"理念的深入人心，也许用不了多久，慢人、慢家、慢城、慢社会会广泛地蔓延开来。慢生活将会在社会经济发展到一定程度以及传统思想的复兴中重新回归。

2．慢则迟，迟则寿

在浙江举行的"心跳大会"上，绍兴人民医院院长郭航远告诉大家：人的寿命与心跳的快慢有关，心跳缓慢每分钟跳 60 次，活到 90 岁；心跳每分钟 70 次，活到 80 岁……也就是说，略缓、有力的心跳对长寿的作用越大。

这似乎暗示了这样一个隐而不显的道理：我们的一切动作，就好比一列驶向人生终点的列车，动作越"慢"，这列车行驶得就越慢，我们人生旅行的时间就越长。想想乌龟为什么能长寿？乌龟的行动恰恰是极为缓慢的，还有动作柔缓的太极拳为什么能益寿延年？史载开创太极拳的张三丰，活到了 140 岁后不知所终。

是的，从理论上说，当人的一切变慢后，生命进程就被拉长，抵达人生终点的时间就越迟。而这种迟到是每个人所乐意的。这倒不是说人只要学习乌龟那样慢吞吞的就能长寿，而是说在符合人体自身功能节律的前提下，凡事"慢"一点，是一种长寿法则。

慢并不是目的，而是为了培养良好的心态，讲究生活的高质量，尊重生命和人生的体验，对生活自我调节的健康的手段。僧、道、禅、佛、及那些高龄老人之所以长寿，很重要的因素是因为他们不急不慌，心态好，动静相宜。在动物界也是同理，乌龟寿命长也是静、慢所致。中国太极拳是慢功夫的典型例证。

"慢生活"的内容很多，充斥于生活的方方面面。经过对许多长寿老人的访问研究，养生专家建议老年人应该保持六个"慢"。

一、起床要慢

能防止心脑疾病。尤其是本身血压高或有心脏病的老年人往往在清晨时因起床太快出毛病。因此，老年人起床要慢。不要一醒来就起床，而要在床上静卧5——10分钟，这样，才能防止心脑疾病突犯。

二、锻炼要慢

老年人的身体本就不如年轻人，不宜进行激烈运动。应该选择那些节奏缓慢的运动，如打太极拳、太极剑、慢跑、散步、气功、垂钓、下棋等等。一来这些运动安全性高，二来容易坚持，化为生活中的习惯，不像剧烈运动一次后时常需要一周的恢复时间。事实上，包括买菜、遛狗，腰椎无碍的话拖拖地板，都可归入这种"慢运动"系列，于健康有益。

三、吃饭要慢

食物的消化、吸收，首先靠牙齿的切磨和消化液的帮助，而老年人由于各种腺体的退化，唾液、胃液、胰液和胆汁等消化液的分泌都有所减少，加上牙齿不好，容易发生食物消化不良和营养吸收不好，易致营养不良。况且，老年人患脑血管病变者较多，可直接影响神经系统的正常功能，使咽部吞咽反射迟钝和不协调，这种情况下如进食过快，易使食物误入气管，发生致命危险。这就是为什么旧时农村有"七十不留食"的说法，意即七十岁以上的老人来做客，一般是不留对方吃饭的。因此，老年人在进餐时，除了要讲究食物的营养配比和易于消化外，还应特别注意细嚼慢咽，既可防发生意外，又能促进唾液分泌和营养物质吸收，减轻胃肠负担，有利于控制体重、缓解便秘，预防糖尿病。

《中国居民膳食指南》建议用餐时间，早餐 15—20 分钟为好，中、晚餐则半个小时为宜。胃肠消化好了身体才会强壮。

四、排便要慢

老年人的消化功能远远不如青年人，肠子的蠕动也比较慢。这就决定老年人排便时只能缓慢进行，不能操之过急。排便时间应适当长一些，排不出也不要急，最好坐便盆，不能蹲着，以防止血压增高，诱发心脑血管病。

五、讲话要慢

由于老年人的声带较弱，肺活量不强，故在与人讲话时，节奏放慢，是一种保护能量的策略。应慢声细语，如小河的流水潺潺流过，而不宜过于激动，大声快语。尤其是一些从事脑力劳动的老年人，如老教师、老专家在退休后还经常为学生上课或举办各种讲座，更要注意。

六、转身要慢

随着年龄的增长，老年人的心脏功能会有不同程度的减退，每次心脏收缩向全身输送血液相对减少，同时脑血管弹性减低，容纳血液也较少，故不少老年人常出现头昏、眼花现象。由卧位变成坐位，由坐位变成立位时，如果动作过快，体位的突然改变，会使脑的供血量明显不足，而造成大脑的短暂性缺氧，会使老年人眼前发黑或突然昏倒，甚至诱发其他严重疾病。此外，老年人关节骨退化，不如年轻人灵活，在开关门窗或从高处取物、弯腰搬东西时，若动作过快，用力过猛，很容易发生颈、肩、腰、膝等关节扭伤，甚至发生骨折，以至卧床休息治疗，生活不能自理，给自己和家人带来很多困难和痛苦。因此，老年人在改变体位或进行体力活动时动作要放慢一些。

"袖珍王国"卢森堡的国民平均寿命居世界 24 位。该国提出的全新的长寿理念就是"慢节奏"。卢森堡的科学家研究认为：长寿的重要秘诀不在于药物，而恰恰在于"慢生活"。"慢生活"并不是指工作上的懒惰、生活上的拖沓，而是提倡人们要把生活的节奏放慢，这样身心就能有张有弛，不会太紧张了。

凡事慢一点吧，慢则迟，迟则寿，长寿的秘密就是在人生迈向终点的旅程中闲庭信步，别走得太快。

3. 给自己谱写一首慢拍子的生活协奏曲

"慢生活家"卡尔霍诺指出："慢生活不是支持懒惰，放慢速度不是拖延时间，而是让人们在生活中找到平衡。"

医学专家洪昭光说："慢生活不是散漫，不是拖沓，也不是懒怠。

是一种生活态度，是一种健康的心态，是一种科学的奋斗，是尊重生活规律，是回归自然本真，也是人生的高度自信。"

有这样一个外国讽刺剧，一个人为了节约时间，及时上班，不但早餐在车上解决，而且穿裤子、刷牙都在车上解决。他左手拿着漱口杯，右手拿着三明治，肩上扛着一条裤子就一头冲进车里。随即又从车的门缝里探出一只手，抓走了家门口的一块砖头。

一路上，他先把鞋脱了，赤着双脚，右脚踩油门，同时给左脚穿袜子，然后又用左脚踩油门，给右脚穿上袜子。他穿裤子的动作更是滑稽。只见他把砖头往油门上一按（正赶上下坡），砖借人力，他趁机迅速把裤子提到腰上。下一步就是刷牙，只见他把前窗刷窗剂的管子一拔，里面早已储好的水立刻就喷射了出来，他张开的大嘴正好接住。音乐响起，破车就随着音乐的节奏越开越顺。然而此时，车祸发生了！

这当然是一个夸张的艺术作品，但寓意深刻。它告诉我们，过快的生活节奏，使人像一个木偶一样无形中被忙碌所操控，是多么危险。

让我们先看看世界上那些经济和生产领域最优秀的群体是怎样的吧。据说，即使在很讲究效率的美国，建筑师们上班也都是从容不迫，有条不紊，工作强度小，基本上不会同时被安排两个以上的项目。但是，他们工作的细致和效率之高，却少有哪个国家的建筑师能够匹及。《财富》杂志评选出来的世界500强企业，没有哪个企业的员工是特别忙碌的，办公室内充满着活力。德国企业是出了名的"慢公司"，但"德国制造"在世界上却是响当当的高品质的代名词。

是的，即使在经济领域和生产领域，人们也发现快跑未必是上策，而"慢慢地达到某个目标"往往更为实际和长远。那么作为生活着的人，作为退休以后，不再以事业为中心，应该安度晚年的老年人，有什么理由在每天的生活里塞进太多的事情，让自己处在快节奏的忙碌中呢？

是应该给自己列一份日常安排表了，但不是如前文提到的那位退休老工程师一样把日程塞得满满的，结果累坏了身体。你给自己列一份生活安排表恰恰是为了让生活化繁为简，去掉那些不必要的事情的干扰，如同给自己谱写一首慢拍子的生活协奏曲，所有加快这个节奏的事情都可以去掉。

一、每天除了饮食起居、晨练等惯常事务外，不要做两件以上的事情。属于爱好或陶冶情操，需要占用较多时间的事，比如打牌、钓鱼等，每天最多做一件。

二、还记得前文提到的日本居家达人提到的物品储存空间应留一半空当的教益吗？这能使物品之间的移动有足够的周转空间，方便存取，节省时间和精力。其实对时间的安排也是同一个道理，切忌把每天各个事务之间的时间安排得严丝合缝，每天留出两至三个小时不安排任何活动，作为"机动"使用，这两至三小时不一定连在一起，分割在一天之中更好。如此，就能保持生活的从容不迫。

三、远距离外出活动每周至多三次，且一天中不要出现两次。比如爬山、远足，或偶然事件需要外出几个小时等。

这里把它称之为慢拍子的生活协奏曲，意思是不必写得详细，主要是定制一个节奏，把不符合这个节奏的琐事忽略或延后。这个表不等于要每天看，只有紧凑匆忙的日程表才需要贴在墙上，当你制定好这张节奏表并执行后，你会渐渐地记在心里，化在行动中。

第 三 章

乐生活

一年 365 天，你快乐的时间有多少？每个人的生命里，都有一些值得收藏的快乐，这些快乐感动着我们，鼓舞着我们，因此，我们得以看到生命里的美好和灿烂，并热爱生活。

作家毕淑敏说："不懂得快乐之道，烦恼便永远跟随你。当脸上出现笑容的时候，我们的胃、我们的肝、我们的骨骼，都会感觉到我们的快乐，出现相应的笑容。就像我们在愤怒的时候，全身都燃烧火焰般的颤抖。"

所以我们要保持快乐的心情，它是体内所有脏器的柔曼的舞蹈。当你烦恼的时候，不妨到最好的地方去找回自己的好心情。最好的地方，或许是街头，或许是巷尾，或许它就在某个僻静的一隅。当然，它就在你心灵的一个角落等你。就像一盏快乐的灯，点亮你晚年的生活。

第一节 悲观，健康与长寿的首敌

1．悲观是一种看问题的眼光

两个欧洲人到非洲去推销皮鞋。由于炎热，非洲人向来都是打赤脚。第一个推销员看到非洲人都打赤脚，立刻失望起来："这些人都打赤脚，怎么会要我的鞋呢？"于是放弃努力，空手而回。另一个推销员看到非洲人都打赤脚，惊喜万分："这些人都没有皮鞋穿，这市场太大了。"于是想方设法引导非洲人购买皮鞋，最后满载而回。

哲人曾经说过，世界上的每一件事情，若要改变它，取决于你怎样看它。因为眼光不同导致思维角度的两样，有的人得出的是乐观的信息，有的人得到的却是悲观的感受。成语塞翁失马的故事，很好地诠释了只要看问题的眼光不同，对吉凶福祸的判断就永远都可以判然两别。

故事说的是在靠近边塞的地方，有位老人的马无缘无故跑到境外胡人的地方去了。邻居们为此来宽慰他，老人却说："怎么知道这就不会是一种福气呢？"果然过了几个月，那匹失踪的马带着胡人的良马回来了，大家又前来祝贺他。老人又说："怎么知道就不是一种灾祸呢？"结果有一次老人的儿子骑那匹胡马，从马背上掉下来摔断了腿。邻居们又来慰问老人，老人却说："说不定变成一件好事也不知道呢！"过了一年，胡人大举入侵边塞，青年男子都拿起武器去作战。边塞附近的人，死亡众多。老人的儿子因为腿瘸的缘故免于征战，结果保全了性命。

塞翁失马的故事常用来佐证《老子》的"祸兮福之所倚，福兮祸之所伏"的辩证道理。用一种循环往复的方式戏剧性地阐述了福与祸的对立统一。它说明一件事是好是坏，是可以互相转化的，每一件事的内部都同时存在向好或向坏发展的两种潜力。当一个人只看到事物坏的因素，就会悲观失望；看到好的因素，就会乐观欣慰。

其实这个故事还可以无限进行下去。比如谁又能说老人的儿子因为瘸腿保全了性命又永远是幸事呢？等老人过世，瘸腿的儿子可能无人照顾，孤苦伶仃，要是哪一天胡人入侵，抗击不过，老人的儿子就是要逃跑也不能像别人一样方便。

这就是生活。生活可以永远进行下去，好坏之间永远发生变化。塞翁失马的故事就暗示了这种世事无常，永远处于动态变化中的道理。

既然所有的事情都存在好坏两种潜质，所以只盯着坏处瞧，就是一种没有必要的悲观；而眼里只看到好的一面，忽略了向坏处转化的可能，又会成为盲目乐观。所以一个人应该通过自己的主观能动性，使事物向好的方面转化，尽量规避走向坏的陷阱，看到坏处不害怕，看到利处也不冲昏头脑，这才是应有的追求幸福之道，也是真正的乐观精神。

一位干部，因为人员分流，从领导岗位上提前退了下来，一时间萎靡不振。他妻子劝慰他，仕途难道是人生的最大追求吗？你至少还有学历还有专业技术呀，你还可以重新开始你的事业呀。于是这位退下来的干部用自己的专业和长年领导的经验做了某公司的顾问，并入了股份，后来该公司发展得越来越兴旺，他也获得了很大的利益。这时他才感觉自己年轻时的所学在这种新兴的公司那里才真正得到了充分的发挥，从前的萎靡不振，长吁短叹再也不复存在。

面对同样半杯水，悲观的人会想："只剩半杯水了，干什么都不够用"。而乐观的人会想："还不错，还有半杯水呢！"类似的，面对白纸上的一个黑点，乐观者会看到一张大大的白纸，悲观者则会盯着这个黑点，认为白纸已经变为废纸了。

孤儿院里有一对好朋友，后来他们被两个富裕家庭收养。虽然他们都受到过良好的教育，但两个人之间存在着很大的差别：男孤儿成为了一个成功的商人，他实际上已经可以退休享受人生了；女孤儿则只成为了一名普通的中学教师，收入不高。

有一天，他们偶然相遇，于是互相诉说这些年的境遇。商人去过很多地方，他津津有味地说着这些年周游列国的趣事。而那位女教师从开始便一味地诉说自己的不幸，说自己是一个如何可怜的亚洲孤儿，又如何被领养到遥远的瑞士，跟其他孩子比如何不幸，这些年又遭遇了哪些挫折，觉得自己是如何孤独等等。

随着她述说的怨气越来越重，商人听着听着觉得不对劲了，终于忍不住把手一挥，制止了她的抱怨："够了！你说完了没有？你一直在讲自己有多么不幸，你有没有想过，如果你的养父母当初在成百上千个孤儿中选择了别人，你现在又会是怎样的情况呢？"

女教师一怔，没有说话。她不是没有想到这一点，但是人总是愿与高处看齐，没有人会去和自己都不如的人相比。何况此时此刻，看到儿时的同伴今天如此成功，教师更是有种心酸自卑的感觉。

商人接着说："我年轻的时候，也曾经无法忍受周围的世界，感到自卑，好像所有人都在嘲笑我这个孤儿。大学期间，有一次我参加一个公益组织的活动，去看望一家孤儿院里的那些孤儿，我才突然意识到我是多么的幸运。因为我被一个富裕家庭收养，他们让我丰衣足食，让我接受了良好的教育，我还有什么可自怨自艾的呢？从此我再也不顾影自怜，我感恩上帝对我的眷顾，感恩我的养父母，从此发愤图强，才获得了现在的成功。"

女教师听后大为所动，久久不语。这是第一次有人点醒了她。

这位商人和教师，两人的出身、境遇和成长环境都是相同的。女教师沉陷于自己是孤儿的凄苦中，忽视生活中积极美好的一面，让消极悲观的思想左右自己，所以一生碌碌无为。商人则是用另一种眼光看待自己，看到了自己难能可贵的幸运，而不是盯着那些不利的因素，把精力和热情放在了自己的幸运和有利的方面发奋努力，终于做出了一番事业。

不同的心态，对所发生事件的评价会截然不同，它必然会对处理问题的态度产生影响，也会对今后的人生之路产生影响。活着需要睿智，如果你不够睿智，那至少可以豁达。以乐观、豁达、体谅的心态看问题，就会看出事物美好的一面；以悲观、狭隘、苛刻的心态去看问题，你会觉得世界一片灰暗，没有前途。两个被关在同一间牢房里的人，透过铁窗看外面的世界，一个看到的是美丽的星空，一个看到的是满地的垃圾和烂泥，这就是区别。同一片天地，你想看到泥土还是星星，完全取决于你自己。你看到了玫瑰的花朵还是看到了它的刺，也取决于你自己。你看到了生活的悲哀还是希望，仍然取决于你自己。

老陈和老张年龄相仿，都是一家陶瓷厂的职工。厂里进行人员分流，老陈和老张进入了内退的名单。大家都知道，内退以后，厂里每月只会发放生活费，跟在职比，工资差了好多。老陈和老张都才五十出头，对这种安排当然很郁闷。无奈这也是政策，厂里近年来效益不好，他们也能理解。

老陈内退后，总是唉声叹气，郁郁寡欢。原本身体十分硬朗的他，几年后各种病痛找上门来。老张却相反，内退后本来也很郁闷，但突然一想，自己才51岁，还是年富力强的时候，趁现在身体还好，何不利用自己的陶瓷制作技术，开一家手工作坊呢？老张说干就干，在自己开的作坊里制作各种陶瓷工艺品，结果很受人们的欢迎。十年以后，

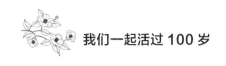

老张已经扩大了经营，拥有了自己的一家陶瓷厂，现在六十出头的他已经半退休了，把厂子交给了儿子管理。

老陈看到老张的成功后，羡慕之余，也后悔自己当年怎么没有想到老张这一步。五十岁出头，还是将老未老的时候，可以最后再奋斗一把。现在后悔已经晚了，年过六旬的人，身体又不好，不可能再去为事业劳累了。这世上唯有时间赚不回来。

哲人说，"凡墙都是门"，即使面前的墙将你封堵得严严实实，你也依然可以把它视作你的一种出路。那些动不动就对生活悲观无奈的人，他们只看到横在眼前的障碍，看不到旁边的出路；而积极乐观的人会从障碍中得到启示，意识到人生将可能迎来另一种机遇。任何一件事情的发生，我们都会给它做一个好坏的表面判断，但无论是怎样的事，其实都蕴含着利弊两种潜能，悲观的人特别容易注意并放大那些不利的因素，于是坏事在他们那里永远是坏事，甚至好事都能变坏。所以悲观的人总是认为自己运气不好；而乐观的人会把眼睛盯在有利的可能性，并通过自己的主观能动性，努力把这种可能变成现实，把坏事变成好事。

一个人的乐观或悲观，区别就在于此。

2. 心胸狭窄，你的"悲点"有多低？

这里说的"悲点"，是指在生活中，你是不是容易出现悲伤。我们知道"笑点"是现在一个流行词语，说有的人笑点低，就是说随便一件生活中的小事，或者是电视电影情节，或书本上的文字，别人没

觉得那么可笑，他们却哈哈大笑。说有的人笑点高，则是不那么容易
被逗笑。

仿照笑点这个概念，我们不妨再提出"悲点"。有笑点就肯定有"悲
点"，乐观豁达的人，"悲点"都很高，不会过分地被生活中不愉快
的小事影响心情。有些人则不然，"悲点"很低，一点小小的不愉快，
都可能在他（她）那里发挥出很大的悲观情绪。生活中哪有完全的如
意？这些人就像心里藏着一把放大镜，本来只是转瞬而过的一丝烦愁，
被放大成粗壮硕大的枯木，如鲠在喉，堵得发慌。

更有一些"悲点"极低的人，养成了一种十分不良的心理习惯，
就是从一件小事的不愉快，联想到其他不愉快的事，引出更大的悲愁。
究其根本，这种人最大的问题就是心胸狭窄。

赵女士是一个精神情感过于敏锐，以至到了脆弱的人。虽然已经
退休了，但并不快乐，常常烦恼。这与赵女士的家庭情况有一定关系，
儿子失业后创业做小生意亏了本，而且至今未婚；赵女士因为当年单
位裁员，提前退休，导致工龄不足，退休金比其他多年的同事少拿好
几百。而她与丈夫的关系，几十年来也常常是磕磕碰碰，并不和睦恩爱。

有一次，赵女士在厨房做饭，电话铃响，她和老公都没接到。赵
女士便责怪老公呆在房里，总是不接电话。原本只是随口埋怨一句，
结果又和老公吵了一架。因为赵女士在埋怨中，忽然想起这种事已经
不止一次了，接着又想起老公这个人做事总是拖沓，甚至很快想起几
十年前一件让她耿耿于怀的事情：当时应弟弟的要求，托老公帮忙买
一块手表，那时是计划经济时代，手表这些物件数量有限，需要抢购，

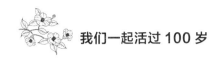

结果因为老公有事拖沓没有买到。赵女士把这看成老公对她情浅义薄的证明。

于是这次仅仅因为老公没来得及接到电话，在责怪和争吵中，赵女士把这陈年旧事也抖搂出来数落老公，抱怨老公对她的嘱咐从来不积极，因为对她从来不够关心，进而上升为对自己婚姻不幸的抱憾。她诉说自己的同学、同事退休后过得如何好，儿女们如何有出息，她不求像他们那样舒服，可自己不但在物质方面比不上人家，连家庭情感，夫妻关爱上也不如人家。进而悲叹自己婚姻不幸，命运不好。

赵女士就是一个典型的易于把不愉快的事情都联系到一起的"悲点"很低的人。看到这里，许多人可能会会意而笑，因为生活中这样的人不在少数。这样的人，生活中任何一点鸡毛蒜皮的不顺心都有可能成为导火索，把过往经历的一切不愉快都点燃成一片悲伤的火海，真可谓星星之火可以燎原。在这类人眼里，好像人生所有大大小小的不愉快，都互为关联，都是一件事，所以他们的"悲点"极低，禁不起任何不顺之事的原因就在这里。普通人遇见不顺心的事，只是就事论事，他们却可以"牵一发而动全身"，足以把这辈子所有的不愉快都激活，如此重压之下，当然觉得自己特别悲哀。

他们往往认为自己之所以不如其他人快乐，是因为境遇不如人家，不如人家"命好"。其实那并不是主要原因，主要原因是他们放大了生活中大大小小的不如意，让那些各种各样不快的事结成一股绳，在心里狠狠地勒着自己，夸大了自己人生不幸的感受。

需要指出的是，这种对不愉快事情的"联想主义心理"，许多人在心情极其低落的时候也可能会出现，但若成为家常便饭，就是内心不健康的体现，会使人变得非常脆弱，还有可能患上抑郁症。

"悲点"低的另一种表现，是对生活中不顺心的事，过分地赋予悲观的意义。

老王的性格特点，朋友们都知道，就是"心思重"，常为生活中和工作中一些不如意的小事耿耿于怀，左思右想，叨念不已。而且朋友们都知道，他很善于"阐发"，遭遇同样的事情，老王能比旁人阐发出更深的"意义"，而这些"意义"，无非就是他比别人更能发现一些悲观沉重的东西。

老王在原单位提前内退后，到一家私营企业做事。私营老板不比国营企业，对员工处处苛刻，老王虽然渐渐适应了，但心里总觉得不平衡。过节了，有的公司老板会给员工发红包，老王所在的公司分文没有；公司每天要班前集合，员工迟到就扣10元，而上司自己却可以因为迟到随意推迟集合时间，尽管老王很少迟到，但这些不公平的做法就是让老王忿忿不平。

有一次下班，老王忘记关电闸，被上司严厉批评，并罚款两百元。老王这下忍不住了，想起自己平时维修设备没少加班，但从来没给过加班费，现在出了点小差错就罚款这么多。老王在跟同事抱怨的时候，把这引申为社会人心的残忍和自己命运的凄苦。一把年纪了，别人已经在享受退休生活，他还出来打工，还要来社会上受气，被迫接受各种不公平对待，老王诉说自己这是辛苦一辈子，到老了反而越来越没有了尊严。

据说老王的儿子常常和他发生冲突。老王爱儿子，但方式不对。儿子性格内向，学历又一般，一直没有一份好工作。有一次为家里出去买东西，算错了钱，吃了十几块钱的亏。老王没有责骂儿子，只是感叹道："你这辈子，不会有出息了！"

这句断言对性格内向的儿子来说，比大声责骂的杀伤力大得多。言下之意，是儿子无论学历、工作能力、性格还是其他全无可取之处。儿子当时就和老王起了冲突，摔门而去。

那些"悲点"低的人，总是善于无限挖掘生活中的沉重，过分地赋予一些小事情以沉重的内涵。旁人遇到这些小事只是就事论事责怪一下就过去了，他们却可以从中"阐发"出很深很远的悲观意义，冷不丁就吐出一些悲观透顶的结论和判断。比如老王对儿子说的话。这些人不但自己悲观，也把这种悲观情绪传递给他人，尤其是亲人，从而可以影响整个家庭的情绪氛围，甚至影响子女人格的健康发展。

人有悲观心理是正常的事情，但让悲观成为习惯却并不是件好事。人们常看到悲观的人整天愁眉苦脸，看什么都不顺眼。遇到一点困难，生活有挫折，就说命运对他们不公，一点小小的不愉快，就联想到很多的不愉快，一点小遗憾，就从中看出生活的"大不幸"。归根到底，都是因为心胸狭窄。

心胸狭窄的人总是被一叶障目，看不到广阔的天地，只看到眼前的阻碍。心胸狭窄的人常常见识短浅，而且十分固执，犹如井底之蛙，任何不如意的事情都会被那个小小的井口无限放大，经常从中感慨人生的悲哀。心胸狭窄的人对不开心的事，联想能力丰富，因为他们把人生中经历的所有不快都挤压堆积在心中的某一处，所以很容易把它们看为一体，让它们发挥出巨大的烦恼。

3. 悲观情绪对身体的伤害

美国著名心理学家马丁·加德纳，原来是位医生。他曾做过一个著名实验：让死囚躺在床上，告之将以放血的方式执行死刑。然后用木片在他的手腕上划一下，接着把预先准备好的一个水龙头打开，让它向床下的一个容器滴水，伴随着由快到慢的滴水节奏，结果那个死囚昏了过去。他认为，死于癌症的病人中，80%的是被吓死的，其余才是真正病死的。他用事实告诉了世人：精神才是生命的真正脊梁，一旦从精神上摧垮一个人，那么这个人的生命也就变形了。

可见，悲观情绪对人的生命健康影响之大。

马丁·加德纳现在是美国"横渡大西洋——3V"俱乐部的心理教练。他通过心理指导，让一个叫伯来奥的人一举成名，这位男子乘着独木舟从法国的布勒斯特出发，横跨大西洋和太平洋，历时6个月到达澳大利亚的布里斯班，创造单人独舟横渡两大洋的吉尼斯世界纪录。

加德纳说：我只是在证实精神的作用。从伯来奥的成功经历，我可以向世人宣布，从前横渡大西洋的人之所以失败或死亡，他们不是死于体力上的限制，而是死于精神上的崩溃，死于心理上的恐慌和绝望。加德纳的话在互联网上公布时，用的标题是：在这个世界上，人所处的绝境，在很多情况下，都不是生存的绝境，而是一种精神的绝境；只要你不在精神上垮下来，外界的一切都不能把你击倒。

是的，那些悲观的人就常常把自己逼向精神的绝境，其实他们的

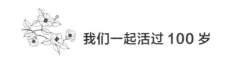
生活远未到绝境的边缘，但由于狭隘，他们看不到广阔的天地，眼睛里只盯着人生中那些逼仄陡峭的片面，总觉得自己立在悬崖边，强化出危险的假象，长期处在无谓的悲观、焦虑和恐忧中，久而久之便会积郁成疾。

长期心情不快乐，忧郁、焦虑，总是被悲观情绪所左右，会损害人的身体健康，对老年人来说还会减损自己的寿命。持久悲观的情绪有如下危害：

危害一：剥夺人的睡眠

几乎所有情绪不佳，长期忧虑的人，睡眠质量都不好，有的会患有顽固性睡眠障碍，表现为睡眠规律紊乱或失眠，从而严重影响睡眠质量。而睡眠是人体必需的生物节律要求，是人的身体机能在每天的运转后恢复能量的重要活动，具有消除疲劳，恢复体力，促进代谢，保护大脑，调节神经系统，调节内脏功能，增强免疫，延缓衰老等一系列作用。

我们知道，人生有三分之一的时间是在睡眠中度过的，可见睡眠在人的一生中占有举足轻重的地位。睡眠不好的人，势必影响身体的健康。

危害二：影响肠胃健康

大多数人都有过这样的体验：当你忽然愤怒、暴怒的时候，会吃不下饭；当你为某件事情忧愁不已的时候，会隐约感觉到胃部不适，几天内肠胃消化不良等等。这种情况在一些本身肠胃功能就比较差的人身上体现得尤为明显。因为人在恐惧或悲痛时，胃粘膜会变白，胃酸停止分泌，可引起消化不良；而在焦虑、忧烦、愤怒和怨恨时，胃粘膜会充血，胃酸分泌增多，引起消化不良。一个长期情绪悲观的人，其肠胃功能一定不太好。

危害三：降低人体的免疫力

积极情绪可以提升人的抗病毒能力，而消极情绪则会加重病情，降低免疫力。机体的心理—神经—内分泌—免疫这条干线组成了一个复杂的调节网络，相互影响、相互调控。心情郁闷，忧虑过多，精神压力过大或脾气急躁等不良情绪，会波及神经内分泌系统，进而影响到神经递质和激素的正常水平和作用，从而降低身体的免疫力。

危害四：血压升高

血压对于情绪的变化是极为敏感的，情绪状态的改变都会引起血压和心率的变化。愤怒、仇恨、焦虑、恐惧、抑郁等情绪，都可导致血压升高，使情绪恶化更加难以控制。医学研究指出，在很多情况下，那些被抑制的敌视情绪或不良情绪可能是血压升高的重要原因。

危害五：影响心脏

心脏和血管对情绪反应最为敏感。反复而持续出现的不良情绪，是导致心血管疾病的主要因素。许多研究发现，高度焦虑者的心绞痛发病率为低焦虑者的2倍。有焦虑、抑郁情绪者，心肌梗死的发病率也明显增高。

心脏病是可以直接致人死亡的疾病，据研究，那些生活中极易焦虑、悲观的人，都是容易引发心脏疾病的高发人群。

危害六：诱发癌症

国内外大量研究表明，长期的压抑和不满，以及诸如抑郁、悲哀、恐惧等负面情绪，都容易诱发癌症。另一方面，临床经验表明，情绪与癌症的治疗效果和癌症的复发率，也有着明显的联系。愉快的情绪有利于癌症的治疗；而悲观、绝望的情绪往往使癌症加剧。

危害七：可能引发抑郁症

抑郁症已经不再是简单的情绪问题，而是一种疾病，抑郁症对人的身心危害极大，会导致人沉湎在消极悲观的绝望状态中。抑郁症不仅损害精神健康，还会涉及到身体各器官，带来很多身体上的症状。常见的有自主神经功能失调，还有食欲减退、乏力等。

国外科研人员曾做过这样一个实验：把十几只老鼠关在一个笼子里，而笼子外面安排一只虎视眈眈的猫。猫不停地用爪子抓挠着笼子，里面的老鼠们战战兢兢。每隔两三天，研究人员就会放一只老鼠出来，让猫当着老鼠们的面吃掉这只老鼠。就这样，老鼠一只一只地被猫吃掉，最后当笼子里只剩最后三只老鼠的时候，研究人员通过检测，发现这三只老鼠无一例外身体里都出现了癌变，即使放生，也活不太久。

显然，这些老鼠每天在猫的逼视下，每时每刻都在惊恐不安中度过，从而导致身体内分泌系统失常，而它们认为自己迟早也会被猫吃掉这个悲观绝望的信号，则是导致这些老鼠身体出现癌变的关键原因。

俗话说，笑一笑十年少，愁一愁白了头。古人早就发现乐观愉悦的心情能延缓衰老，而忧愁悲哀则会加速身体的老化，减少寿命。人越老，越应当心胸豁达开朗，不能让悲观忧愁等负面情绪左右了自己。

第二节 快乐其实很容易

1. 乐观的心态是怎样养成的？

快乐其实很容易，只要走上了快乐的航船，掌握了快乐的心理法则，就如顺风航行，日渐纯熟，形成一个快乐的"磁场"，让它时时给自己输送"正能量"。

做一个快乐的人，首先在于改变错误、消极看问题的方式。前文所述，悲观是一种看问题的眼光，如果你的眼光是上一节讲过的那类只看到坏处，不重视好处的悲观类型，那就要将这种思维方式逆转过来。

许多人都知道大发明家爱迪生的故事，他在寻找适合做灯丝的材料的试验过程中，做了 1200 次试验，失败了 1200 次，就是找不到一种能够耐高温又经久耐用的好材料。这时，别人对他说："你已经失败了 1200 次了，还要试验吗？"爱迪生却反问道："我哪有失败？我已经发现有 1200 种材料不适合做灯丝。"

这就是天才与普通人眼光的差异。如果是一个悲观类型的人，别说失败 1200 次，就是 12 次，也足以沮丧透顶。因为他们只知道成功，却不知道失败乃成功之母，在悲观者的眼里，成功的定义非常狭隘，只要预期的目的没达到就自认为失败，而不会去想得出 1200 种材料不适合做灯丝本身已经是一笔科技研究的财富，可为以后的研究少走许多弯路。

这世上，并不是所有的事情只有达到目的才值得欣慰，眼界放开阔一点，思维的角度更多一些，你会真正体会到这个世界"柳暗花明又一村"的奇妙。掌握住了乐观的法则，从某种意义上说，甚至可以让你的心理立于不败之地。如塞翁失马的故事所启示的那样，凡事都有利弊转化的可能，用一种更高的眼光看待事物，趋利避害，永远都能保持乐观的态度。

杨秀年老人，现年８１岁，是一个高高瘦瘦精神乐观的农村老人。二十年前，村西那座山岗还是集体公有的时候，曾是村里一些石匠开山采石的作业区。山岗一带原本风景秀丽，但长年的破坏，使这里渐渐成了一片碎石乱冈。不但不长草木，还经常滚落山石，对山下的农田和劳动者带来了极大的安全隐患。每一个进入村子的人第一眼就会见到这破败的景观，生怕不小心被流石砸到，于是不敢进村，给这个原本风景秀丽的村子带来了不好的印象。

住在这样村子里的居民也感到郁闷，有的人搬进了城镇里。碎石乱冈，萧杀颓败的景象，本来很容易使老年人触景生情，引发凄凉落寞的情绪。但杨秀年老人却反念一想：自己生长的这个乡村原本是个风景秀丽之处，只要改变碎石冈的破败之相，就能恢复原来容貌，那该多好！由此他产生了一个坚定的信念：修筑山岗，整饬荒山荒坡！从此便开始了一个人的"艰苦创业"。

山里的朝阳和落日见证了他付出辛勤和汗水。杨秀年老人每天在山峦处汗流浃背地劳动五六个小时，直至夜幕降临时，他还要检查一下是否修筑完毕，然后再走。"晨兴理乱石，月伴带锄归"成为他的真实写照。杨秀年老人年事已高，体质虚弱，但其意志坚强，顽强奋斗，修筑三千余米石墙，成为当地的奇迹之一。

后来县政府得知了杨秀年老人的事迹，对老人进行了表彰，并动员人力物力进一步整饬了荒山碎石，将那里美化得树木葱茏，鸟语花香。杨秀年老人看到山村恢复了往昔的秀丽，沧桑的面庞上挂着欣慰幸福的笑容。

杨秀年老人的故事令人想起古时的"愚公移山"。杨秀年与愚公都是乐观精神的代表，无论多大的高山阻隔在生活的路前，也无法使他们气馁。从杨秀年这位平凡而又不平凡的农村老人身上，我们看到了他善于转化思维角度，从不利中找到有利，从破败中看到希望，没有像那些容易悲观的老人一样，因为外在破败的景象而徒生凄凉迟暮之感，反而抖擞起了精神，既做到了老有所为，避免了无所事事的寂寞，还在晚年获得了一次成就感，用辛苦的汗水造福乡村，换来了山村秀丽如初的环境，最终也回报了自己的晚年生活。

美国著名成功学专家卡耐基认为：漫漫人生当中，我们可能会遭遇一些不如意的事情，也许，每件事情都没有最差的情况，关键看我们怎么去对待。这个世界总会有阴暗面，一缕阳光从天空照下来的时候，总有照不到的地方。如果我们的眼睛只盯在黑暗处，抱怨世界的黑暗，那么，我们将只会得到黑暗。拥有积极心态的人像太阳，走到哪里哪里亮。虽然我们的人生之路荆棘丛生，但并非无底深渊，只要我们以积极的心态去面对，换个角度看问题，就一定能战胜苦难，取得最后的胜利。

诗人顾城说："黑夜给了我黑色的眼睛，我却用它来寻找光明。"我们每个人一出生都有一双寻找幸福的眼睛，对待生活，我们要乐观一点，积极一点，不要让悲观的浮云遮住我们望向幸福的路。我们以微笑对待生活，生活就会对我们"笑"，我们就会感受到生活的温暖和愉快。

一位教授给学生们上了一堂别开生面的课。他从讲义夹中取出一张白纸，问大家："这张纸有几种命运？"学生们一时不知如何回答。

教授把纸扔到地上，踩了几脚，又问："这张纸有几种命运？"

一位学生看着纸上的脚印，谨慎地说："这张纸现在变成废纸了。"

教授不置可否，弯腰捡起那张纸，很快在上面画了一幅人物素描，还配了一首诗，而刚才踩下的脚印恰到好处地变成了少女裙摆上美丽的褶皱。

教授举起画，又问："现在，这张纸的命运是什么？"学生们明白了教授的意思，回答说："您赋予这张废纸以希望，使它有了价值。"

教授脸上露出笑容，满意地点点头："大家看见了吧？一张不起眼的纸片，以消极厌倦的态度对待它，它就一文不值；以积极乐观的态度对待它，它就具备了价值。一张纸是这样，一个人也是这样啊！"

每个人的生命都像一张白纸一样，存在不确定性，人生中的事情也是这样，充满着多种可能性。拥有乐观精神的人往往就是那些善于转化思维角度，能够看到事物多种可能性的人，并积极地使事物向好的一面转化，"粉碎一切障碍"；而悲观的人则是那些眼光狭隘，思维单一，只看到事物坏的一面，于是事物在他们那里就永远成了坏事，自己被障碍所"粉碎"。

所以若要培养乐观的心态，一定要从眼界和思维方式着手。眼界开阔了，看得更高更远，思考问题的角度能转化自如了，自然就会摆脱狭隘，乐观豁达地对待生活中的事。

如果说，开阔眼界，善于转变思维方式是培养乐观心态的"道理"，那么综合人们普遍的经验，培养乐观心态还有如下一些"技法"。

一、宣泄法

人在生活中不可避免地会产生各种不良情绪，假如不采取适当的方法加以宣泄和调节，将给身心带来十分不利的影响。所以，老年人心中若有不愉快的事情，千万不要闷在心里，要向知心朋友或亲人倾诉。经验表明，哪怕是因为委屈大哭一场的人，也比把不愉快的事闷在心里的人要快乐。因为发泄能快速释放出积于内心的郁积，对维护人的身心健康是非常有利的。当然，发泄的对象、地点、场合和方法要适当，防止伤害他人。

二、转移法

当火气迅速上涌时，你要有意识地转移话题或做点别的事情来分散注意力，这可使情绪得到有效缓解。在余怒未消时，不妨通过看电影、听音乐、下棋、散步等有意义的轻松活动，让紧张情绪即刻松弛下来。

三、愉快记忆法

回忆过去经历中碰到过的令你感到高兴和自豪的事，或获得成功时愉快满足的体验，尤其应该回忆那些与眼前不愉快体验相关的过去的愉快体验。

四、自我安慰法

当某个愿望没有实现，为了减少内心的失落感，可以寻找一个冠

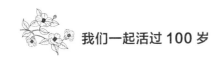

冕堂皇的理由，以求得内心的安慰，就像狐狸吃不到葡萄就说葡萄酸那样。没错，有点像阿Q精神，阿Q精神或 "酸葡萄心理" 虽然对事业没有帮助，但中老年人倒不妨一用，毕竟能缓减失望情绪。

五、语言节制法

一旦情绪激动时，可以默诵或轻声自我警告 "保持冷静"、"不允许发火"、"要注意自己的形象和影响" 等词句，想尽办法抑制住自己的情绪；也可以针对自己的弱项，预先写有 "制怒"、"镇定" 等条幅置于案头或悬挂在墙上。

六、比较法

把自己的困难或不如意之事在各个方面进行分解，同别人进行比较，列出相同与不同的地方。看出自己有别人所没有的地方，不再聚焦于一点，从而得到安慰。

2．情绪是一种心理物质

我们有幸处在一个科学的时代，什么问题都能得到科学的解释。你是否相信，人喜怒哀乐的情绪，无论是兴奋、愉悦、或抑郁、恐惧、愤怒，都与人体中不同化学物质的作用有关。

20世纪70年代后，神经生物化学技术的进步，使神经化学物质的研究工作取得了令人振奋的进展。脑神经释放的化学物质对情绪产生的影响，正成为当前脑科学研究中一个引人入胜的课题。

比如美国学者就发现了一种被称为 "恐暗素" 的东西。在脑中存在一种由 15 个氨基酸组成的肽，这种物质与恐惧情绪有关。美国学者把这种化学物质从经过特别刺激、因而畏惧黑暗的大白鼠的脑中提取出来，注射到未受过刺激的大白鼠脑中。结果，接受注射的大白鼠表现出对黑暗的极端恐惧，长达一周之久。研究者尝试着把这种物质转移到金鱼体内，金鱼竟然也开始害怕黑暗，甚至在白天也不敢到岩石后面的隐蔽处去觅食。

这一结果激起了众多研究者的兴趣。人们急切地想知道，脑能释放出某些与情绪相关的物质吗？带着这样的疑问，"情绪物质"的概念被提出来，科学家开始尝试用各种方法寻找反映人类情绪的大脑中的物质。

1953 年美国华盛顿精神学专家阿兹克斯进行了一个类似恶作剧的实验。他以广告的方式招募几十名男女，告知他们要进行有关血压方面的生理研究，以打消他们参加实验的顾虑。正式实验开始时，研究者在这些人全身各个部位都安置了各种测量用的电极，并特别在小指尖上安放了一个极小的电极。在实验对象的情绪完全稳定后，研究者将他们小手指尖上的电极一点点加压。当被试者表示出不舒服时，研究人员特地在他们耳边制造电流火花，然后假装惊慌地叫到"不好了，通上高压电了"，这使得参加实验者不由得产生巨大的恐惧。稍后，又假装说："这都是技术员操作不当"！当参加实验的被试者对技术员充满敌意时，技术员盛气凌人地出场了。这时，参加实验者的情绪由极端恐惧变得勃然大怒……而同时进行的测量显示，这些愤怒的实验者体内一种叫"去甲肾上腺素"的物质含量在这个时候突然大幅增高，研究人员于是得出，去甲肾上腺素与人的愤怒情绪有关。

研究表明，从脑干神经元中会释放出某些传递神经冲动的化学物质，它们调整着整个脑的活动，脑就是通过它们向全身传递"命令"的。人们将这些神秘的物质称为神经递质。去甲肾上腺素就是这样一种与情绪密切相关的单胺类物质。如果一个人焦躁不安怒气冲冲，脑内就会不断地制造出去甲肾上腺素。

最让人不可思议的是，去甲肾上腺素竟然带有毒性：平均每一千克的体重只要投一毫克的剂量，就可以置人于死地，其效力与蛇毒不相上下。可想而知，它对人体极为不利。这就是为什么自古以来，人们就认识到怒气会有损人体的健康。不过，适量的去甲肾上腺素对人体并没有什么伤害。相反，它可以使人在各种生活、工作的事务中产生干劲，是人精力与活力的源泉。

此外，科研人员又陆续发现了其他几种影响情绪的化学物质。

快感来自多巴胺

比如，你为什么会快乐？为什么有时候能产生兴奋的情绪？一次愉快的旅行、一次其乐融融的聚会、一次畅快淋漓的户外游玩，这些活动之后为什么兴奋的心情久久不能平复？你当然能说出自己当时为什么快乐的理由，但那不是科学的理由。科学的理由会告诉你，你之所以兴奋不已，是因为你体内的"多巴胺"在起作用。

在导致人们兴奋、快乐的化学物质，其中一种成分就是"多巴胺"。1997 年，美国生化专家维尔科夫的一个研究小组发表研究报告称，多巴胺能使人产生某种程度的愉快感。而多巴胺含量的提升可能会仅仅来自一个高分数，一句恭维话。更有意思的是，科学家发现，每当一个人在完成某件事后，多巴胺便会作为奖励而分泌，使人产生快感。

多巴胺是在大脑中部的神经元细胞体内合成的，在大脑深处有一片被称为"伏隔核"的区域，该区域含有丰富的神经元，这些神经元产生多巴胺并且对其作出反应。伏隔核是大脑的兴奋区和快感中枢，在此区域中释放多巴胺就会使人感到极度的快感。

单是多巴胺本身并不足以产生如此神奇的作用。多巴胺只是一把开锁的钥匙，这把锁被称为"受体"，它是位于大脑细胞表面的一大片蛋白质。只有多巴胺可以识别受体，其他化学物质都无法识别它，正如只有一把正确的钥匙才可以打开一把锁一样。当多巴胺进入等候已久的受体时，机体就打开了，大脑内部就会开始进行一系列化学反应，这些化学反应让人感到了快乐。

但有证据表明，尼古丁、酒精、海洛因也能激发一系列复杂的化学变化以增加多巴胺的水平，这可能就是有些人情绪不好时会借酒消愁或吸毒的原因之一。经常吸烟、饮酒或吸毒会使脑神经元对这些化学物质习以为常，因而通过此方式来换取快感的人，会使神经元产生依赖，若想达到同等程度就必须不断加大剂量，后果非常可怕，将导致神经元末梢死亡、大脑功能紊乱；且伴有幻听、幻视，还会引起运动障碍，如疯狂地重复同一个动作。

目前，科学家正在寻找新的方法，设法使脑内的胺物质变成绿色的荧光色素，这样就能直观地观察到情绪与去甲肾上腺素等物质的关系了。

冲动来自 5- 羟色胺

有的人性格容易冲动，明知道在高速公路上飙车是拿自己的性命开玩笑，却总是手痒痒控制不住。科学家称，那就是人体内的 5- 羟色胺在作怪。

5- 羟色胺是一种传递神经信号的物质,许多抗抑郁症药物都含有这种物质。它不仅能够较大程度地影响到睡眠和食欲,同时也对人类情绪起着很大作用。如果大脑中这种物质含量较低,人就比较容易产生情绪上的冲动,做出一些不理智甚至是很危险的事情来。由于人体制造 5- 羟色胺所需的关键性氨基酸只能通过饮食获得,因此有些人在饥饿时会表现得比较好斗。事实上,大脑缺乏 5- 羟色胺的症状并非只是在某些人身上出现,每个人都会或多或少地存在着这种现象,只不过在有的人身上表现得重一些,而在另一些人身上表现得轻一些。

那么,用什么方法来控制这种冲动行为呢?研究发现,一种被称为 TPh2 的酶最终控制着大脑中 5- 羟色胺分泌量的多少。目前,科学家正在研究通过 TPh2 来生产一种能够改变大脑中 5- 羟色胺水平的药物。一旦这种药物研制成功,那些老是风风火火、冒冒失失的人,言行就可能会大大改变,他们在别人面前将好像换了个人似的,走路四平八稳,说话轻声细气、字斟句酌,做事慢条斯理、不徐不疾。总之,变得很理性、稳重。此外,利用这项研究成果,也可以更好地减少和防止犯罪行为的发生。

脑内情绪物质的研究结果在临床上大受欢迎,也对治疗情绪障碍发挥了巨大的作用。锂盐对躁狂性情绪障碍的治疗就是很好的证明。科学家将锂注入脑杏仁核及其他边缘系统部位,影响这些部位神经元中递质的合成、贮存、释放及再摄取等代谢过程,从而调节情绪状态。最近 30 年的研究使科学家确信,5- 羟色胺在突触中损耗是导致抑郁症的原因之一。这种神经递质发散到杏仁核、下丘脑、皮质区等脑区域,被参与情绪活动的神经元频繁利用，常因为该药物耗竭脑内单胺类神经递质，尤其是降低了去甲肾上腺素、5-羟色胺和多巴胺的含量而致。最新的一类抗抑郁药百忧解（Prozac）和郁乐复（Zoloft）就是通过使突触前神经元的5-羟色胺增加，从而缓解抑郁情绪的。

心烦来自梅拉多宁

许多人都曾有过这样的经历：好端端的，突然就会感到一阵心烦意乱、躁动不安。这种看似无缘无故、莫名其妙的精神状况正是人体内一种被称为"梅拉多宁"的物质在作怪。

梅拉多宁是人体内的一种激素，在每个人的体内都会有不同程度的分泌和积聚，如果它积聚过多，就会作用到人的大脑中主管情绪的区域，导致人的情绪发生变化，如烦躁、沮丧等，甚至精神忧郁、乱发脾气。所以，当你既不是因为工作，也不是因为家庭琐事而突如其来地感到烦闷时，你就应该想到，是不是可恶的梅拉多宁又在兴风作浪了？

一般情况下，梅拉多宁所导致的情绪不良通常比较短暂，短则十几分钟，多则几个小时，对身体和生活没有太大的影响，所以也就不必太介意。但是，如果梅拉多宁分泌过于异常，就会严重影响到人们的工作、生活和身体健康。在这种情况下，就要加以重视，采取适当的措施来消除这种影响。最好的方法是，清晨早点起床，呼吸一下新鲜空气，晒晒太阳，因为梅拉多宁激素在夜间产生较多，而清晨时清新的空气和明媚的阳光有助于消除梅拉多宁物质，这样就可使人变得轻松、愉快，不良情绪逐渐消失。这也是为什么每天清晨早起去户外接触阳光和新鲜空气的人常常都比较愉快，而那些总是熬夜晚起错过

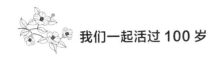

早晨阳光的人，容易变得阴郁的一个原因。

轻生来自钴胺素的缺乏

就连自杀行为都与人体内的化学物质有关。就传统认识而言，一个人轻生是思想上出了问题，只是因为想不开。这种认识现在用科学的眼光看可能已经肤浅了。人体内有一种物质叫钴胺素，又叫维生素B12，是一种水溶性维生素。钴胺素的缺乏对人体的主要影响是会出现肝功能和消化功能障碍、疲劳、记忆力衰退、抵抗力降低、发生造血障碍、贫血、皮肤粗糙和皮炎等。一般人是怎么也不会把自杀行为与钴胺素的缺乏联系起来的。但实际上，新的研究表明，钴胺素缺乏不仅能引起纯生理上的不良反应，而且还会造成抑郁症等精神上的疾病，这在医学上很早以前就有过定论。只不过，钴胺素严重缺乏时还会导致厌世自杀，却是近年来新的研究发现。

医学研究人员在对部分不明原因的自杀者的尸体做病理切片分析时发现，他们体内都有一个共同的奇怪现象，那就是严重缺乏钴胺素。此外，研究人员还对一些自己也说不出什么理由，莫名其妙就产生轻生念头的自杀未遂者做了类似的研究分析，结果也证实了他们身上都严重缺乏钴胺素。并且，通过对这些人进行服用一定量的钴胺素实验之后，他们头脑中的悲观绝望念头果然渐渐减轻，直至完全消除，有的进而还对自己当初为什么会产生那些奇怪和极端的念头感到可笑和不解。所以，认为钴胺素缺乏能导致人自杀行为的说法并非凭空杜撰。

至于为什么缺乏钴胺素会导致人的消极悲观情绪，甚至最终绝望自杀，还有待科学家进一步的研究分析。但对于人类来说，发现这种因果关系已具有非常重要的现实意义，因为全世界每年都会有成千上万的人结束自己的生命。在这些轻生者中，就有相当一部分是自杀动机不明的。如果清楚他们自杀的原因是缺乏钴胺素，就可以对症下药，让他们多食用富含钴胺素的动物肝、肾、鱼、牛奶，或者是服用适当剂量的维生素 B12 药物，就可以打消他们那种可怕的弃世念头，使他们重新变得积极乐观，热爱和珍惜生命。

不同颜色对人的心理也有影响

除了以上这些，科学家还发现，不同的颜色对人的身体、情绪、思想和行为也有着不同的影响。

国外曾发生过一件有趣的事情：过去英国伦敦的菲里埃大桥的桥身是黑色的，常常有人从桥上跳水自杀。由于每年从桥上跳水自尽的人数太惊人，伦敦市议会督促皇家科学院的科研人员追查原因。开始，当皇家科学院的医学专家普里森博士提出这与桥身是黑色有关时，不少人还将他的提议当作笑料来议论。在连续 3 年都没找出好办法的无奈情况下，英国政府只好试着将黑色的桥身换掉。接着，奇迹发生了。桥身自从改为蓝色后，跳桥自杀人数就减少了 56%，普里森因此声誉大增。

心理学家对颜色与人的心理健康进行了研究，并从中发现了奥秘。不同的颜色可通过视觉影响人的内分泌系统，从而导致人体荷尔蒙的增减，使人的情绪发生变化。红色使人情绪饱满、热烈；蓝色让人心胸开阔；灰色使人感到郁闷、空虚；黑色给人庄严、沮丧和悲哀之情；白色让人感觉轻快。总之各种颜色都会给人的情绪带来一定影响，使人的心理活动发生变化。无怪乎远古时代的人们相信颜色具有某种魔力。

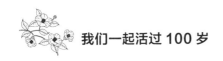

在临床实践上，学者们对颜色治病也进行了研究，效果很好。高血压病人戴上烟色眼镜可使血压下降；红色和蓝色可使血液循环加快；病人如果住在涂有淡蓝色、淡绿色、淡黄色墙壁的房间里，心情会安定、舒适，有助于恢复健康。由此可见，颜色不但可以影响人的情绪，而且还对人的健康发生影响。

3.让快乐像植物一样生长

现在我们知道了原来情绪也只是我们体内的化学物质在起作用。之所以介绍了这么多情绪是化学物质作用的科学发现，就是为了进一步引出这样一个推论：如果能通过科学的方式抑制那些导致坏情绪的物质，增加那些产生好情绪的物质，我们就可以远离消极情绪，做一个时刻快乐的人。这在理论上是完全行得通的，在实际操作上，也有一些行之有效的方法，主要就是科学的生活习惯和饮食习惯。科学家在发现情绪是人体内不同的化学物质在起作用后，经过研究，进而得出如下食物能够促进人体内化学物质的平衡，对改善情绪很有帮助。

令人开心愉快的食物

（1）深水鱼

科学家研究发现一个现象，全世界住在海边的人，相对而言都更加快乐和健康。这不止是因为大海让人神清气爽，最主要的原因是他们经常食用海鱼。我国以及英、美等国的研究都具有相同结果。科学家认为这是因为鱼油中的脂肪酸能阻断神经传导路径，增加血清素分泌，使去甲肾上腺素系统功能得以平衡。

（2）巧克力

德国营养学家表示，吃巧克力可以使人感到心情愉快，这是由于巧克力在大脑中释放复合胺的缘故。复合胺由色氨酸形成，人体自身无法制造，只能依靠从外界摄入的食物。巧克力本身色氨酸含量并不高，但它含有大量的糖，可以引发胰岛素的生成。胰岛素确保糖分进入细胞中，留下来的色氨酸进入大脑，被合成为复合胺。当复合胺停留在脑神经键中就会对人的情绪产生积极的影响。巧克力中含有的苯乙胺物质能使人们的美好情绪增强。此外，黑巧克力可以帮助大脑释放内啡肽，提高血清素的水平。血清素也是大脑中主要的"幸福分子"，当脑中血清素缺乏时，则可能有忧郁的现象发生。很多医生甚至把巧克力作为抗轻微忧郁症的天然药物。

此外，黑巧克力还能预防阿尔茨海默氏症与早老性痴呆症。

（3）鸡肉

英国心理学家给参与实验的志愿者吃了100微克的硒后，他们普遍反应觉得心情更好了，而硒的丰富来源就包括鸡肉。

（4）菠菜、空心菜

菠菜等深叶蔬菜除含有大量铁质外，更有人体所需的叶酸。医学文献一致指出，缺乏叶酸会导致精神疾病，包括抑郁症和早老性痴呆等。研究也发现，如果缺乏叶酸达5个月之久，便无法入睡，并产生健忘和焦虑等症状。缺乏叶酸会导致脑中的血清素减少，引发抑郁症。

（5）樱桃

樱桃被西方医生称为自然的阿西匹林。樱桃中有一种叫做花青素的物质，能够制造快乐。美国密歇根大学的科学家认为，人们在心情

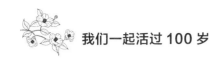

不好的时候吃 20 颗樱桃比吃任何药物都有效。

（6）香蕉

香蕉含有一种被称为生物碱的物质，可以振奋精神和增强信心。且香蕉是色胺酸和维他命 B6 的超级来源，这些都可以帮助大脑制造血清素，减少产生忧郁的情形。

（7）南瓜

南瓜能制造好心情，是因为它们富含维他命 B6 和铁，这 2 种营养素都能帮助身体所储存的血糖转变成葡萄糖，葡萄糖正是脑部唯一的燃料。

（8）大蒜

大蒜虽然会带来难闻的口气，但却会带来好心情。德国科学家一项针对大蒜的研究发现，忧郁症患者吃了大蒜制品后，感觉比较不那么疲倦和焦虑，也更不容易发怒。

缓解压力，使人轻松的食物

（1）番茄和柑橘

如果觉得自己无端的紧张，难以轻松下来，除了做深呼吸、静坐减压外，饮食上可以多吃点番茄和柑橘，具有平衡心理压力的效果。因为人在承受较大心理压力时，身体会消耗比平时多 8 倍左右的维生素 C，这时候就亟须补充大量的维生素 C 来缓解压力，其中柑橘类水果和番茄是维生素 C 的最佳来源。

（2）红茶

红茶有降低机体应激激素分泌水平的功效，每天饮用红茶，有利于舒缓神经。

（3）坚果

核桃和杏仁是所有坚果中最健康的。坚果富含 B 族维生素、镁和锌等，有助于使皮质醇（一种压力激素）保持在低水平。坚果还是很好的能量来源，能抑制对甜食的渴望和帮助新陈代谢。坚果中的不饱和脂肪有助于防止吃得过多。

（4）西兰花

西兰花被认为是自然界的超级食物。它既富含叶酸，能使人愉快，而且其中维生素 B9，有助于减轻压力和不安。

（5）小米粥

小米富含人体所需的氨基酸及其他优质蛋白质，各种矿物质钙、磷、铁以及维生素 B1、维生素 B2、维生素 A 原、烟酸、尼克酸、硫胺素、胡萝卜素等，许多营养学家将 B 族维生素视为减压剂，它可调节内分泌，平衡情绪，松弛神经。

（6）全麦面包

复合性的碳水化合物，如全麦面包、苏打饼干，它们所含有的微量矿物质如硒，能增强情绪。碳水化合物有助于增加血清素，睡前两小时吃点碳水化合物的食物，如蜂蜜全麦吐司，有安眠药的助眠效果，但没有像药物产生依赖性的副作用，不会上瘾。全谷类食物含有的丰富碳水化合物和 B 族维生素，可以维护神经系统的稳定，增加能量的代谢，有助于对抗压力，是抗抑郁的好食物。

（7）苹果

苹果老幼皆宜，医生称它为"全科医生"。苹果中的柠檬酸和苹果酸能提高胃液的分泌，促进消化。现在空气污染较重，多吃苹果能

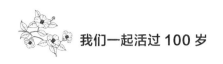

改善呼吸系统和肺功能。而且苹果香气宜人，可有效消除压抑感。

（8）鳄梨

研究发现鳄梨能降低狂躁情绪，且其中的不饱和脂肪、钾能够降低血压。根据某研究所的报告，降低高血压的最佳方法之一是摄入足够的钾。半个鳄梨可提供487毫克的钾，高于一个中等大小的香蕉。

（9）蓝莓

蓝莓可抑制产生压力感的皮质醇的生成。蓝莓中的多种抗氧化剂还有助于保护大脑免受自由基损伤，进而降低老年痴呆症和帕金森症的危险。将蓝莓与含有钙质的酸奶一起食用对稳定情绪、缓解压力非常有益。

此外，下面这些食物不可食用过多，否则会增加人的压力。

（1）高脂肪食物

油腻、煎炸及乳制品等高油脂食品，因脂肪含量比较高，不仅会引起不良压力性效应——动脉血管硬化，而且还会加重消化器官的负担，使人容易感到疲劳。

（2）过量的咖啡

咖啡可以提神，但过量的咖啡因摄入会增加你的警觉性和注意力。咖啡因只会在人体的神经临界点起作用，过了这个临界点，人就会因为兴奋过度而无法维持正常思维，还容易导致失眠和胃疼，由此产生的头疼情况更是无法避免。因此，注意不要一天喝2杯以上的咖啡。

（3）高糖分甜食

食用甜食如精致糕点、糖果，虽然可以在数分钟内发挥一定的镇静作用，但因为含糖食物会快速地被肠胃吸收，造成血糖急剧上升又下降，反而影响人的精力及情绪的平稳，并连带影响到肝、脾、肠道功能。

（4）甘蓝芽、花椰菜、菜豆、黄豆。

这些蔬菜不宜常吃，过多食用能使人的情绪易冲动发怒。

（5）碳酸饮料

《美国公共卫生杂志》刊登的研究发现，每天喝 2.5 罐碳酸饮料会导致抑郁和焦虑增加 3 倍。当心情不好的时候，切不可喝碳酸饮料。恰当的办法是喝热开水。

如果睡眠质量不好，以下食品则有助于提高睡眠。

（1）牛奶

牛奶中含有色氨酸，这是一种人体必需的氨基酸。睡前喝一杯牛奶，其中的色氨酸量足以起到安眠的作用。

（2）小麦

性味甘平，有养血安神的作用。选用浮小麦 60 克，加大枣 15 枚，甘草 30 克，用水 4 碗，煎至 1 碗，早晚服用。

（3）糖水

烦躁发怒而难眠时，可饮 1 杯糖水。有助于大脑皮层受到抑制而进入睡眠状态。

（4）食醋

劳累难眠时，取食醋 1 汤匙，放入温开水内慢服。饮用时静心闭目，片刻即可安然入睡。

（5）桂圆

性味甘温，无毒。桂圆肉补益心脾、养血安神，可医失眠健忘、

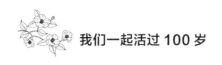

神经衰弱等。失眠者可用桂圆肉和酸枣仁各 9 克，芡实 15 克，炖汤，睡前服用，亦可在睡前服用鲜桂圆数枚。

（6）莲子

有养心安神作用。心悸怔忡、睡眠不实并兼有脾胃虚弱者可用去芯莲子、芡实 10 克，加糯米适量煮粥，并加巴掌大荷叶 1 块，盖在水上，粥好食之。心烦梦多而失眠者，则可用莲芯 30 个，加盐少许，水煎，每晚睡前服。

（7）红枣

性味甘平，养胃健脾，补中益气。失眠者单用红枣 30~60 克，加白糖少许煎汤，每晚睡前服。亦可取红枣 20 枚、葱白 7 根，加水煮，去渣后服。

（8）桑椹

性味甘寒，有养血滋阴之功。失眠者可取桑椹 100 克，加水适量煎汤内服，每日 1 剂，疗程不限。也可服用桑椹膏，每次 1 汤匙，一日 2~3 次，用温水或黄酒送服。

从科学的角度看，情绪是人体内不同的化学物质在起作用。情绪也是一种物质，这对于许多人听来是新鲜的，但确实是当今科学的发现。是物质，就能够移除、减损，也能够积聚、成长。中老年人要用心调养自己的身心，用科学的方法，去除身体内那些引起烦恼的情绪物质，增加使人快乐轻松的物质，使积极乐观的心态像植物一样生长、繁茂起来，如一棵挺拔苍劲的参天大树。

如果说打开心胸，转换观念，变换思维，自我暗示是保持快乐的精神方法，那么合理的食谱则是物质的方法。

第四章

淡生活

一路走来，感受到人生的幸福与快乐，也品尝过生活的艰辛与曲折。

悠悠岁月，我们依然还在演绎着它的更替；

生命长河，它的精彩每天仍然被诠释着；

岁月交替，不变的仍然是对生活的那份执着。

跨过中年，步入老年，对生活对生命的意义和价值，都有了深刻的认知。最真的感觉不属于漫无边际的未来，更不在追忆过去的往事，而是就在现在，就在于身边的平淡。

淡淡的生活给我们带来了生活的真味，或许那种感觉更值得回味；淡淡的生活才是晚年幸福安康的体现，这样的幸福也会在平淡中长长久久。

第一节　"淡"是一种健康的澄明

1．淡与淡定

人到老年，对生活的态度会越发呈现出这样一个特征：饮食上，开始偏向于清淡的口味；对音乐的欣赏更喜欢慢节拍的旋律；活动爱好上，偏向于从容缓慢，恬静悠然的事情，如种花养鸟，下棋垂钓。对周围环境，喜欢声音相对安静的地方；对外界景致，偏好疏朗清幽，而不喜光怪陆离，眼花缭乱。

如果要用一个字来形容这些现象的总特征，那就是"淡"，一切趋于淡化。相比之下，年轻人的生活特点可以用"浓"来表示。年轻人生命力旺盛，气血方刚，是为浓：如喜欢快节奏的流行乐舞，喜欢剧烈的体育活动，喜欢强烈的感官刺激，喜欢一扑进工作中就废寝忘食，这些现象都可以形容为"浓"。

一个人的生命历程的外在表现从浓到淡，是生命发展的自然过程，是从出生到衰老的生物机制所决定的。

但是，有些人到了晚年，虽然生理上呈现出好"淡"的趋向，但心理上和思想上却没有跟上去，仍然保留着"浓"的特点，于是这种反差便造成了一种身心的错位，如同撕裂一般给晚年的生活带来了烦恼，直至损害自己的健康。

可以说，有些人身体已经服老，已经趋向于"淡"的状态，但心理和思想却不想就此"淡"下来，一句话，这些老人没有达到老年人应有的"淡定"。

不淡定的一个主要原因，是欲望。有句话说，欲望是魔鬼。欲望不会因为生理之"淡"而必然淡化，它可以不在意年龄把你一直推向悬崖。否则为什么那么多贪官，年过花甲，身体衰退，却依然对金钱的攫取不择手段，丧心病狂？难道真的只是为了子女吗？他们贪污的财富其实几辈子也用不完了。欲望如同潘多拉之盒，一旦开启，就无休无止，直到让人舍身忘命，所以留下了"人为财死，鸟为食亡"这样悲哀的句子。

吕不韦原本只是一介商贾，他忍痛割爱，将赵姬作为礼物馈赠给嬴异人，又打通华阳夫人的关节当上了秦国的宰相。按说他满可以安度晚年了，可是欲望的魔鬼驱使他不断地突破底线，他与皇太后私通，

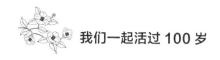

最后将自己的性命也断送在欲望的路上。

晚清红顶商人胡雪岩盛极而衰，也是败在欲望失控上。胡雪岩的智商和情商超乎常人，他为左宗棠筹措平疆的巨额军费，置办军需物资，这些行为虽然帮他名利双收，但他仍不能控制欲望，在洋贷款的利息上暗做手脚，大吃回扣，用金丝楠木构筑豪宅，最后落得晚年被抄家的悲惨下场。

欲望是魔鬼，这个魔鬼从年轻的时候就在威胁我们，我们不应让它在我们的晚年还来困扰我们，扰乱我们的理智和思维，迷失了前行的方向，不能让自己年迈的躯体最后成为被它侵蚀榨干后的躯壳。而且欲望就像膨胀的肥皂泡，虚无而又脆弱，虽然美丽，却难以长久，终有一天欲望破灭，等待你的是绝望和万劫不复的深渊。

懂得对欲望说"不"的人才能够找到真正的生命需要，懂得对欲望说"不"的老年人才真正参透了生命的本质。

一个商人带着自己的女儿去参加一场拍卖会，女儿选了一位音乐家收藏的塔罗牌。这副塔罗牌原价 20 元，商人问女儿愿意为这副塔罗牌付多少钱。女儿想了想说愿意付 100 元。商人说："那好，100 元加上原来售价 20 元，就是你的最高出价，也是底线，超过这个就要放弃。"

竞拍开始了，女儿开始举牌。已经加价到 100 元了，女儿小声嘀咕了一句："糟了，快到了！"这句话亮出了底牌。商人知道这是拍卖中最忌讳的。塔罗牌一路上涨，冲过 120 元底线，女儿还想举牌，商人抬手制止了她。

走出拍卖厅，失败的女儿情绪很低落，商人郑重地告诫道："你虽然没得到那副塔罗牌，但你今天学到的东西比这副牌更有价值。人的欲望是无止境的，你今天学会为欲望设定底线，这很好，很多人失败就是没有控制好底线，成了欲望的奴隶。"

这是一个明智的商人，他对女儿的这番话值得我们思考。任何一个人都应该为自己的欲望设限，这样你就在控制欲望，而不是欲望控制你。很多人正是因为没有对欲望设定底线，并不知道自己真正要的是什么。起先想一百万，满足后又想五百万，得到五百万又想一千万，直到不知不觉把生命变成赌注。

给欲望设限的作用是清楚地知道自己的目的，"止"于某一步，从此"定"下来。如果说年轻人需要给欲望设定界线，那么中老年人就更需设定界线。有了界线，你就"定"了下来，那些超出界线之外的诱惑在你看来都是浮云，是迷惑人眼睛的假象。

不急不躁、不温不火，宁静淡泊，是为"淡"。镇定自若、不逾雷池、进退有度，是为"定"。所以孔子说自己"七十不逾矩"，就是一种人生百折后，在合适的年龄上智慧的觉悟。

托尔斯泰说："欲望越小，人生就越幸福。"生活中最大的智慧就是明白自己真正需要什么，然后再剔除那些可有可无的东西。因为追求的东西过多，也就等于为自己的生活套上了沉重的枷锁。只有剔除了那些设定之外的东西，你才能"定"下身心。不设限的欲望会使人生处在一个没有边界的大气中，任风把你刮到四面八方，没有了目标，没有了从容，直到卑琐地消弭在风中。

儒讲中庸，佛讲修行，道讲阴阳，瑜伽讲平衡，其实都有一个共

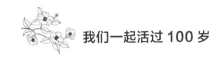

同的要点，就是"节制"。告诉人们控制自己的身心，不使之飘散于无形中失落了自身。制者，止也。做到了"止"，就能"定"。《大学》云：知止而后有定。一个人做到了既淡且定，才是真正的淡定。

2．哪些心理特征反映出不淡定

"淡定"是近年来出现的一个新词。其实这个词最早出自广州话，俗语有"淡定有钱净（剩）"（定与净在广州话中声母相同，因此读起来朗朗上口）。淡定成为一个被人们广为使用的流行词语，跟于丹在《百家讲坛》频繁地使用"淡定"一词讲述《论语》心得有关。而于丹教授本人也是一个淡定的表率。

于丹一举成名后，短短数月，《于丹论语心得》便九次印刷，销量惊人。随着她的迅速成名，批评的声音也此起彼伏，且越演越烈，大有把她批倒批臭之势。

面对迅速成名，于丹心态淡然。她说："我从没想过上《百家讲坛》后会不会成名，我只是努力地去做一件事情。""风来疏竹，风去而竹不留声；雁渡寒潭，雁过而潭不留影"是于丹追求的一种境界。所以她努力做到"君子事来心始现，事去而心随空"。这种淡然和定力来自她内心强大的力量。

面对批评，于丹心胸开放。她说："我谋求的是'和而不同'，对经典的东西，每个人都有自己不同的见解，关键是在构建文化生态的过程中，我们都要做事。"在她看来，所有批评她的声音，也是在积极构建文化生态，也是在做事。所以面对"十博士"的批评，她沉静不语，甚至把要为她讨"公道"的学生们都压了下来，她就这样以静制动，不让外界的纷纭干扰内心的宁静。"竹影扫街尘不动，月穿潭水了无痕"，这是于丹心之向往的境界。

我相信于丹说的是真实的心声。面对四面八方的批评，她之所以能够如此淡定，在我看来奥秘就在于她给自己欲望的设限本来就不高。《百家讲坛》节目举办之初，谁也不会料到自己会一举成名，大红大紫，更不会料到书会一印再印，供不应求。可以说，一夜爆红的局面原本就超出了于丹对自己欲望的设定。既然这样的结果并不在自己的预期之内，那自然就没必要在意外界的批评了，因为自己得到的已经够多了。所以于丹说"关键是我们都要做事"，至于得到什么那只是做好事情后生活给予的馈赠。

这样的道理同样适用于那些排名世界富豪榜上成功的企业家们。这些世界顶级的富翁们，其实只是在不断地思考面对市场和社会变化应如何"做事"，而不是计划自己一定要赚多少钱（只有三、四流企业家才把数字当目标），他们创造的巨额财富只是"做事"后自然而然的回馈，并不是事前设定的必须实现的欲望，所以比尔·盖茨、巴菲特等人可以淡然地将自己数量惊人的财富拿出来做慈善。

于丹借用一句话："我们决定不了生命的长度，但可以决定生命的宽度。"这句话用在这里是别有涵义的："长度"是指个人与外部世界的对比，那是相对的，不可丈量的；"宽度"则是自己与自己的比较，是经营、拓展自己内部的世界，高低好坏由自己所决定。所以一个人只须踏踏实实做好自己想做的事就行，只需问自己是否做到了最好，是否还能精进，如此心灵就不会被外界的变幻得失所绑架而失去淡定。

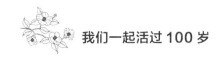

对于中老年人来说，对待生活更加需要这种淡定的智慧。遗憾的是，不少人因为心态与生理没有趋于同步，仍然时常做不到淡定。

不淡定的表现之一：争强好斗

人到老年，一般会愈发温和敦厚，即使年轻时脾气火爆，也会变得平和起来。所以人们常常说老年人给人以"为而不争"的感觉。从生理的自然变化来说，老年人的生理特征趋向于"淡"，不喜争斗就是"淡"的表现；从精神上来说，老年人已经经历了人生几十年风风雨雨，对各种事情已经淡看，已经宠辱不惊，对世事安之若素，所以不争。

但是现实中偏偏也有不少老人脾气糟糕，这是因为他们对于外界仍然有一种不恰当的"欲望设定"，这种设定随着他们年龄越老，设定越高，觉得我是老人，我就应该享受怎样的"待遇"，出门在外变得越来越喜欢争强好胜，常常倚老卖老，蛮不讲理。带着"我是老人我怕谁"的霸气，游荡在很多公共场合：公交车、餐厅、游乐场、医院……，稍不如意就跟年轻人争斗。对比于"熊孩子"，有人把这类老人称为"熊老人"。

对这类"熊老人"的抱怨或新闻报道，网络上举不胜举。在一家国企上班的朱小姐就曾经发微博抱怨了一件这样的事：

晚上8点多，朱小姐和朋友来到"许留山"吃甜品，因为人比较多，他们领了号就在门口等。这时，两名六旬老太太带着五六岁大的小孩，无视旁边等候的队伍，径直走进店内，抢在朱小姐们的前面，矫健地"霸占"了座位。

随后店员告诉老人需要排队，没想到俩老太太突然发飙，冲店员吼道："我们走进来的时候你们怎么不说要排队？现在凭什么让我们起来？外面等的人是他们的事，我们是老年人，反正不会让！"这话一出，另一位排队的女士上前理论，"你们是老人，也该遵守先来后到的规矩，这样强占位子好意思吗？"

"你们愿意排就排，我们要带孙子的！"说完，老人一把将身旁的孙子抱到座位上坐着，嘴里还碎碎念一些话。

考虑到对方是老人，大家没再去理论，朱小姐只是忍不住把这事发到微博上抱怨了一下，没想到很多网友回复称自己也遭遇过相似的情况。

有记者专门采访调查过"熊老人"现象。在市图书馆上班的王丽，也见过一些"熊老人"，但因为工作性质，她不得不保持"微笑、谦和"的态度。她告诉记者，有一次，一位带孙的老太太，要带背包进入少儿读者区。但馆内有明文规定，阅读区域不能带包进入。

王丽耐心地告知，谁知却遭到老人谩骂。在众人围观下，老人指着王丽吼道："你这个怪物，你就针对我们这种老年人……"说了一些很难听的话。王丽虽然很委屈，也只能耐心、冷静地解释。"如果一个人这样不讲规矩地争取了特殊权益，就会有更多人效仿，制度秩序将不复存在。"王丽说道。老人最后带着孙子气冲冲离开了。

这类"熊老人"的行为，其实已经不止是心态、性格上的争强好胜了，他们中的很多人已经在触犯公共文明的规则，开始受到专家学者的关注。这与老一代人所经历的时代及所受文化教育有很大关系，老一代人经历了物资极度匮乏的时代，养成了凡事争抢的习惯，在那个时代，不争抢就必然吃亏，而规则意识尚不如今天。以至于许多人把这种习惯带进了老年。

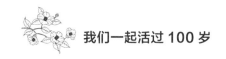

然而，"熊老人"毕竟只是少部分老人，多数老人即使因为特定的历史经历和文化教育影响，到了老年后，随着几十年人生修养的积淀，对世事百态的洞明，对外界"欲望设定"的收敛，人会变得越来越随和，磨平锐气与戾气，成为敦厚长者。

不淡定的表现之二：为逆耳之言伤神

社会就像一个舞台，人老了，慢慢地就退出这个舞台中央了。所以很多东西不必再放在心上；对追捧、赞誉，已经不会过于激动，对逆耳之言，也不会反应敏感，达到"不以物喜，不以己悲"之境。老年人以修身养性为主，是最不应该在意他人评价的年龄。偏偏有些老人不是这样，对他人的话语极其敏感，听到逆耳的评价，就心情老大不好，甚至气急败坏。

有位干部退休后，喜欢上了唐诗宋词，慢慢地自己也能赋诗填词了，自我感觉还不错。于是学会上网的他，在某个古诗词论坛发表自己的作品。也许因为水平确实太业余，网友的评论贬多赞少，有的批评还比较尖酸刻薄。这位退休干部老大的不高兴，可以为此一整天闷闷不乐，连吃饭、锻炼都受影响。前段时期，还爆出了某地文联主席，因为在网络论坛发表的诗歌屡遭网友嘲讽，带人怒砸网站电脑的事。

这些为一点逆耳之言就大动肝火的中老年人，以一些曾经有着较高地位的人居多。由于曾经的身份和地位，已习惯于被人恭维，而当自己退下来，或者当社会大众掌握了一定话语权，遭遇到了外界的冷嘲热讽后，便感到不适应。导演陈凯歌拍摄电影《无极》后，网友胡戈对《无极》采取了戏仿的方式，制作了一个搞笑剧本《一个馒头引发的血案》。陈凯歌认为这是对自己作品的恶毒攻击，于是向法院怒告胡戈侵权。但后来陈凯歌撤销了起诉，几年后，当陈凯歌再提起这件事时，豁达地表示自己当年的做法太"较真"了，当时只是还没有适应网络的新时代。老人若过于在乎外界的看法，动不动就为逆耳之言伤害情绪，对身体尤为不利。

（1）生气生出糖尿病

医学资料显示，因心理因素而发病的糖尿病患者占总体人数的60%以上。那些听不得逆耳之言，太容易因为他人言语而暴怒、焦虑或悲伤，会使血糖浓度升高，引起机体代谢功能紊乱。此外，高血糖促使其胰腺分泌胰岛素，使得疲乏的胰腺进一步受伤，从而使糖尿病者病情加重。

（2）坏脾气导致高血压

不良情绪可使心跳加快，血压升高。高血压是中老年人的常见疾病，更是人类死亡的主要疾病之一。当老年人因为外界刺激而出现愤怒、焦虑、仇恨等激动情绪时，很可能使血压突然升高。

（3）焦虑诱发心脏病

心脏病患者以老年人居多，其典型的表现为胸闷、气急、疲惫无力等症状，严重者甚至会出现心绞痛、急性心肌梗死。医学研究表明，心胸狭隘，情绪易波动的人出现心绞痛发病率为低焦虑者的2倍。而许多的冠心病患者，就是由于不良情绪的刺激而出现心绞痛和心肌梗死。

不淡定的表现之三：一味贪婪

痛苦有个限度，欲望则绵绵无际。人生有限，欲望却可以无限。生理上可以因为年老而呈现"淡"的特征，欲望却不一定因为年龄的

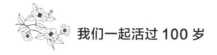

迟暮而减弱。因为欲望是魔鬼，可以让你忘记自己身体已老，岁月将尽。

在现今物欲横流的社会，有各种各样的东西给我们诱惑，最基本的就是人们对物质、名利的欲望，人类的欲望是无休止的，耶稣说："人不能单靠面包而活着。"弗洛伊德把欲望定义为人的本性。

所以，每个人心中都存在着欲望，欲望得当，能够激励我们去获得成功，但如果不能适当控制欲望，欲望带给人们的就只能是无法挽回的悲剧。人在年轻的时候，适当的欲望能够提供成功所需的动力，然而进入老年以后，身体机能逐渐衰退，欲望的程度也应该与之匹配，否则，便会造成身心的异步，增加烦恼，损耗健康。欲望越多，满足的概率就越少，自然不开心；欲望越少，越容易实现，自然越感幸福。

有些人虽然老了，却仍然认识不到这一点。且不说中国官场长期以来存在的"五十八、九岁现象"（即许多官员到了五十八、九岁的年龄变得贪污腐化），一些普通的老人在生活中也常常抑制不住贪婪。有的人处处暗示子女、媳妇或女婿给自己买东西孝敬。有的明明拿的工资比谁都多，还经常发牢骚，争论福利多少，嫌工资涨得太慢，总嫌自己的钱少、东西少。

还有不少老年人的贪心表现在对生活物品的"小贪婪"：身边堆积大量的营养品、保健品、药品，尽管不用，还不断地买。不管自己是否需要，只是觉得物质越多越好。许多东西看着有用，其实永远也不会用到。经验表明，凡是抱着某种东西现在没用，以后或许有用的想法的，其实百分之八十都不会真的用上，而老年人这个比例只会更高。无理性地囤积物品，实在是一种贪婪的心态作怪。家中摆满了旧家具、旧物品、旧衣服等，既造成室内凌乱、生活不便，每天还得为摆放、清理这些东西忙碌、操心。

别小看那些小欲望、小贪婪，历史上有的人，就只是因为一些小贪婪而把自己的幸福乃至生命亲手毁灭。

托马斯·B·科斯坦的历史著作《三个爱德华》中叙述了有关雷纳德三世的生平。雷纳德三世是 14 世纪时统治现今比利时一带的国王，以身体肥胖出名。雷纳德三世的弟弟，名字叫爱德华。在一次与雷纳德发生了一番激烈争吵之后，爱德华成功发动了一场政变，并将其兄长抓了起来，但并没有马上处死，而是在城堡里给他专门建造了一个房间。

爱德华向雷纳德承诺：只要他从那个房间走出去，就将本属于他的王位还给他。

对普通人来说，爱德华给兄长的条件一点都不苛刻：囚禁雷纳德的房间只是普通的房间，有窗有门，而且门从不上锁，窗户也一直是敞开着的。问题是，雷纳德是个大胖子，体形庞大得出奇，而那些门窗均是正常大小，雷纳德要想重获自由，就必须节食减肥。

聪明的爱德华对其兄长的弱点一清二楚。他每天都吩咐人把各种各样的美味端给雷纳德享用，雷纳德对美食向来都是来者不拒。没过多久，雷纳德的体重不但没有减少反而增加了，变得越来越肥胖了。

有人指责爱德华对其兄长过于残忍。对此，爱德华的回答是："我哥哥并不是一名囚犯。只要他愿意，他随时可以离开，决定权在他手里。"

但是很可惜，雷纳德在那个房间里一呆就是十年，直到爱德华战死之后才被放出来。然而，雷纳德的身体已经被多年的贪吃糟蹋得恶疾缠身，出来后不到一年就一命呜呼了。

爱德华说的并没有错，他并没有囚禁雷纳德。真正囚禁雷纳德的是他自己的欲望，正是因为欲望，才使得他失去了本该属于他的王位、自由以及幸福。

牢房，囚禁得了的只是一个人的身体，却囚禁不了这个人的灵魂。真正能禁锢人们灵魂的，是人们内心的欲望。若是心灵被囚禁了，那人生还有什么幸福可言呢？人生之所以会有痛苦，就是因为人们的内心有各种欲望无法满足，要想摆脱痛苦，获得幸福，唯一的办法就是放弃自己内心的欲望。

难道雷纳德想不到只要他戒掉贪吃的习惯，就能从那个房间里走出来，重获自由？难道许多热衷囤积"废物"的老年人，真的不知道自己以后是用不到这些东西的？其实是因为他们想到了也没用，贪心已经成为他们无需理由的本性。为什么许多骗子喜欢找老年人下手？其中一个原因就是许多老年人爱贪便宜。孔子讲人生三戒，其中一戒就是说老年人要戒贪，提倡清心寡欲。

不淡定的表现之四：嫉妒

有欲望，就难免有嫉妒。一个人的欲望有多大，嫉妒心就有多大。

古往今来，嫉妒这个东西一直游荡在人们的生活中。无德行的人嫉妒有德行之人；才疏学浅的人嫉妒有才能的人；庸才嫉妒人才。而且嫉妒会损害一个人的品德。战国时的庞涓和孙膑同为鬼谷子的学生，两人情谊深厚。庞涓本来也是好人，却因为嫉妒孙膑，使孙膑遭到迫害，被剜掉膑骨，成为残疾。

嫉妒会让好人变成坏人，有嫉妒心的人惯于"暗箭伤人"，讽刺、挖苦、造谣中伤、诽谤诋毁，攻击别人不择手段。嫉妒是一株有毒的植物。一个人如果被嫉妒的情绪占据心灵，他就会变得心胸狭窄，视野盲目，举止乖张。似乎对世界有无尽的要求和不满。善嫉妒者也会以损人开始，以害己告终。

嫉妒者因视朋友为路人，视同学为对手，把宝贵的时间和精力耗费在算计、诽谤别人的行动中和因嫉妒他人而陷入烦恼及恐慌之中。医学研究表明，嫉妒者由于长期处于压抑、自扰的状态，会导致神经系统功能紊乱，严重者甚至会精神失常。正如巴尔扎克所说："嫉妒者比任何不幸的人更加痛苦，因为别人的幸福和自己的不幸将使他痛苦万分。"

因此，嫉妒能腐蚀人原本纯净的灵魂，毒化人的精神世界，扼杀人的进取精神，是一种卑劣低下的情绪。

在人类所能表达的情感当中，嫉妒是最普遍和最令人不安的一种，它会展现我们内心最阴暗的部分，尽管大多数人都非常了解这一点，但是嫉妒心仍然在很多人的内心里存在着。

嫉妒心理的产生是差别和比较的产物，属于一种内心情绪体验。差别和比较的结果是形成心理的不平衡，而这种不平衡常常是消极的。嫉妒心理总是与不满、怨恨、烦恼、浮躁等消极情绪联系在一起的，这就构成了嫉妒心理的独特情绪。

荷兰哲学家斯宾诺莎说过："在嫉妒心重的人看来，没有比他人的不幸更能令他快乐的，亦没有比他人的幸福更能令他不安的。"换言之，善妒的人，心境总是以别人的幸福为转移，当别人不幸的时候，他就很开心；当别人幸福的时候，他就煎熬、纠结。试问这样怎么能

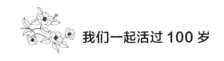

拥有"泰山崩于前而不改于色"的淡定呢？

　　嫉妒，通常是弱者所具有的一种心理。由于老年人在社会生活中处于弱者的地位，因此有些老人也容易产生各种嫉妒的心理。只是各人抑制的程度与表现的形式有所不同罢了。如有些老年人由于生理上和心理上的日益衰老，感到自己从此不能再与青壮年相比。一种夕阳西下，"处处不如人"的惶恐不安的心理油然而生，容易使他们或者对青壮年的"年龄尚少"发生嫉妒；或者对同龄老年人及青壮年人在"智力"、"体力"方面超过自己有所嫉妒；或者对同性别的老年人和青壮年人在"仪表美"方面的优越有所嫉妒；或者对儿子与媳妇、女儿与女婿所流露的过分"亲昵"有所嫉妒；或者对其他家庭在经济收入、生活条件、子女成才等方面的明显优势产生嫉妒。

　　同时，由于嫉妒是一种人对人的态度方面的消极因素，持有这种嫉妒心理的老年人，往往也不肯服老，不让幼贤，论资排辈，技术保守，不愿"青出于蓝而胜于蓝"，不愿别人胜过自己。这种异常的心理，既不利于社会的安定，家庭的团结，也无益于老年人本身的身心健康。老年人应该从积极的角度来认识老、病、衰这一人生的自然规律，用科学的态度来正确对待别人，也正确地估计自己。一个人进入老年以后，如果还不能去除嫉妒心，会严重影响自己的身心健康，害人害己。

　　不淡定的表现之五：拿得起，放不下

　　按说老年人辛苦了一辈子，退休后该卸掉工作的重担，可以轻轻松松过日子，快快乐乐享受自己的老年生活了。可是，有些老年人总也轻松不下来，还说活得很累。这是因为他们拿得起，却放不下。

有的老年人退休以后还是闲不住，不仅在家包揽所有的家务，还帮子女们照看孙辈子女。一天到晚忙得晕头转向，总有为儿女操不完的心，事事都要亲力亲为帮后代做，为今天操完心还想着明天该怎么办，为儿子操完心还想着孙子的问题，每天忙忙碌碌，负担沉重，疲惫不堪，往往给老年人带来很大的负面影响，不仅累垮了自己的身体，心理上也容易因压力和疲倦而出现阴影。

还有的老人害怕退休，其实是害怕自己闲下来。辛苦操劳半生，几十年来习惯了的工作，突然就戛然而止，很多人都会感到不适应，以致许多老人对"退休"两字充满了深深的敌意。

卢勤，中国少年儿童新闻出版总社首席教育专家，因长期主持《中国少年报》"知心姐姐"栏目，被亿万中国家长和孩子亲切地称为"知心姐姐"。现在已经退休的她，虽然卸去了出版社总编的重担，不再管出报、出刊和社里的事情，但乐观的卢勤却感到轻松快乐，她直言："退休了，太好了！可以干自己喜欢的事，在年轻人需要帮助的时候，就去协助他们。"现在卢勤时不时就应邀去讲讲辅导课，大家仍然热情地叫她"知心姐姐"。

卢勤说："退休了，有事干是好事，但切莫太忙碌。"忙而不碌的状态才是退休生活最好的状态。人要乐观看待退休后角色的转变。

关于拿得起，放不下，有这样一个寓言故事：

有两个旅人路过一片被火烧毁的城区，其中一个比较聪明，另一个比较愚笨。他们首先发现了一些烧焦的羊毛，就把羊毛捆好，能拿多少拿多少。走着走着，他们又看到了一些布匹，聪明的旅人便把羊毛丢掉，换成布。笨的那一个也捡了很多布匹，但没有扔掉羊毛。

他们又往前走，看到路上有许多现成的衣服。聪明的又把布扔了，换成了衣服。而笨的那个既舍不得扔掉羊毛，也舍不得扔掉捡来的布，并且又捡起了一些衣服背在肩上。

之后，他们又看到了银色餐具，聪明的旅人照例跟前面一样换了货物，而笨旅人还是把什么都背在肩上！

后来，他们看见了一堆金子，聪明的旅人赶紧全都换成了金子，笨的那一个还是什么都要捡，又什么都不愿丢掉，仍旧把所有的东西都背着。聪明的人一路上走得很轻松，而笨的那个人却越来越疲惫。

最后下起了大雨，爆发了泥石流。聪明的那个人，因为没有重负，所以跑得很快，脱离了险境。而笨的那个旅人，肩上有太多东西，自然跑得很慢。此时，他才知道应该放弃一些东西。但是已经来不及了，长时间的负重、疲惫的生活已经把他压垮了。他再也跑不动了，最后被泥石流吞没了。

这就是"舍得"和"舍不得"、"放下"与"放不下"两种心态带来的不同结果。聪明的人舍得放弃，懂得放下，所以轻松；愚蠢的人舍不得放弃，放不下，所以疲惫。人生就是一场不堪重负的旅行，每一个阶段都应该有所放下。只有懂得在旅行途中亦步亦趋适当地放下，舍弃一些东西，才能保证我们在人生的旅途中轻松无忧。

一个人从中年步入老年的这一段时间里，是人生中一次重要的转变，面临着重大的"放下"与"舍得"的课题。对有的人来说，可能还是一个痛苦的过程。因为放弃，便意味着不再拥有。但是，世上哪有永远的"拥有"？即使不想放弃，总有一天所有的东西还是会离开你。当你放下以后，还有可能拿起新的东西，打开一扇新的大门。有人说："取是一种能力，舍是一种勇气，没有本事的人取不来，没有胸襟的人舍不得。"所以，我们每个人都该懂得，人生应该如大自然四季的变化，在适当的时候有舍有得，去旧迎新，每一次的放弃都会酝酿着另一种拥有，老年人只有懂得放下，才能迎来晚年生活的夕阳红，人生就是这样一个得与失不断重复的过程。

台湾作家吴淡如说得好："好像要到某种年纪，在拥有某些东西之后，你才能够悟到，你建构的人生像一栋华美的大厦，但只有硬件，里面水管失修，配备不足，墙壁剥落，又很难找出原因来整修，除非你把整栋房子拆掉。你又舍不得拆掉。那是一生的心血，拆掉了，所有的人会不知道你是谁，你也很可能会不知道自己是谁。"仔细体会这段话，说的不就是"舍不得、放不下"吗？

且再看一个寓言故事。

一天，一个登山者突然从山上滑落，他拼命地抓着绑在自己手上的绳子，总算停了下来没有掉下去。山中大雾弥漫，上不见顶下不见底，他绝望地呼喊："上帝啊，快救救我吧。"突然这时一个声音响起："我是上帝，你希望我救你吗？"那人大喊："是的，是的。"上帝问："那你愿意相信我吗？"那人连忙说："当然愿意。"上帝说："那好吧，现在把你的手松开。"

那人不禁一惊，心想这不是害我吗？然后，沉默了半天，始终没有松开手，仍然是紧紧地抓住绑在自己手上的绳子。

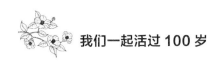

　　结果，第二天，救援者只找到了这个人的尸体，他在夜里被活活冻死，而令救援者困惑的就是他紧紧抓着的绳子，离地面也不过 3 米而已。

　　试问有多少老人像这个登山者一样，到死不愿放手。他们不相信周围的世界，不相信子女、晚辈们有能力托起自己托起的这片天，总觉得只要自己松手，天就会塌下来，沉湎于像那个登山者一样的幻觉中，认为身边一切之所以运转，完全系于自己的那只手。

　　放下即是拥有，放下即是自由。进入老年后，首先要学习的就是放下，给自己解套，给自己松松心，别和自己过不去，不然就是心难平、罪难受。所谓退休退休，退休后的生活要以"休"为主，科学合理地安排好自己的生活。

　　以上五点，是老年人常见的不淡定的特征。如果这五点表现明显，长此以往，会使老年人身心得不到轻松闲静，酿发身体疾病。随着社会物质生活条件的不断改善和生活节奏的加快，社会心理因素所致疾病的发生越来越普遍，并逐步转变为威胁人类健康和生命的主要疾病，人们开始对"病从心入"给予越来越多的关注。我国北京红十字朝阳医院曾对门诊 100 例患者抽样调查，发现 73% 患者的发病原因与社会心理因素有关。也就是说大部分患者的病状，都存在心理问题的助长或直接诱发。总的来说，内心不淡定是心理出现问题的根本原因。

3．不淡定对身心的不利影响
　　争强好胜火气大易引发或加重如下疾病：

（1）伤肝

几乎所有人都知道，怒伤肝。人处在愤怒的情绪中时，会造成去甲肾上腺素上升，另外还会分泌一种叫"儿茶酚胺"的物质，作用于中枢神经系统，使血糖升高，脂肪酸分解加强，血液和肝细胞内的毒素相应增加。

中医的五行理论认为肝属木，脾属土，木克土。肝气太盛时会使脾脏也跟着旺起来。生气会造成肝热，而肝热也会让人很容易生气。从中医的观点看，怒伤肝，肝伤了更容易发怒，两者会互为因果而形成恶性循环。

（2）伤肺

情绪冲动时，呼吸就会急促，甚至出现过度换气的现象。肺泡不停扩张，没时间收缩，也就得不到应有的放松和休息，从而危害肺的健康。

（3）高血压

老年病科主治中医师沈波介绍，高血压多是由于情志不遂引起肝阳上亢所致。部分老年高血压患者由于肝火过旺导致交感神经兴奋、中枢神经紊乱等，常常会脾气暴躁、易怒。

（4）甲亢

甲亢患者会有代谢增加及交感神经高度兴奋的表现。患者身体各系统的功能均可能亢进，出现心慌，心率增快等症状，对外界的反映过分紧张，容易暴躁，会增加罹患甲亢的危险。

（5）损伤免疫系统

生气时，大脑会命令身体制造一种由胆固醇转化而来的皮质固醇。

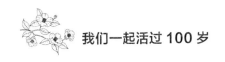

这种物质如果在体内积累过多，就会阻碍免疫细胞的运作，让身体的抵抗力下降。

（6）心肌缺氧

人在愤怒和暴怒时，大量的血液会冲向大脑和面部，使供应心脏的血液减少而造成心肌缺氧。心脏为了满足身体需要，只好加倍工作，于是心跳更加不规律，也就更致命。

（7）冠心病

冠心病是指冠状动脉狭窄引起心脏自身工作能力不足，进而导致心律不齐、胸闷、心痛等问题，严重的还会导致心肌梗塞。

动脉管壁内有肌肉，而动脉管壁内的肌肉受人体交感神经指挥。在人愤怒的时候，脑垂体会分泌促肾上腺皮质激素（ACTH），促使肾上腺素分泌。而过量的肾上腺素进入血液后会造成肌肉紧张、瞳孔扩大、呼吸急促、血压增高，全身动脉管壁的肌肉会收缩，每分钟通过冠状动脉的血液就会减少，这就是冠心病发生发展的原因。

（8）脑出血

俗话说"怒发冲冠"，从中医角度讲是"怒则气上"。因为大怒、暴怒会导致肝气上逆，升发太过，容易表现为头胀、头痛、头晕，面红目赤，甚至引发脑出血，猝然昏倒不省人事。因为气行则血行，气逆血也随之上逆，后果往往很严重。

（9）释放"毒素"，损害全身系统器官

美国生理学家爱尔马研究表明，人在生气时会分泌大量毒素。爱尔马把人呼出的"生气水"注射到大白鼠身上，几分钟后大白鼠就死了。由此爱尔马分析认为，生气时人的生理反应十分剧烈，分泌物比任何时候都复杂，都更具毒性。因此，动辄生气的人很难健康长寿。

（10）抑郁症和老年痴呆症

情绪暴躁、易怒等负面情绪，年深日久容易催发一些精神方面的疾病并相互影响，例如抑郁症和老年痴呆症。抑郁症临床症状典型的表现包括三个维度活动的降低：情绪低落、思维迟缓、意志活动减退。具体可表现为显著而持久的抑郁悲观。老年抑郁症患者可伴有烦躁不安、心神不宁、浑身燥热、潮红多汗等症状。

老年痴呆症的主要表现为认知功能下降、精神症状和行为障碍、日常生活能力的逐渐下降。其中精神症状和行为障碍包括抑郁、焦虑不安、幻觉、妄想和失眠等心理症状，以及攻击行为、坐立不安、尖叫等行为症状。

那些到老了还喜欢争强好胜的人，由于常常与人产生摩擦争斗，难免容易被激动、愤怒的情绪所左右。愤怒是一种危害重大的负面情绪，老年人尤其不宜多动肝火，以免增加上面这些疾病的危险。

耿耿于怀，易生闷气，经常焦虑容易引发哪些疾病？

有些人只愿意听好话，听恭维的话，听到一点逆耳之言就耿耿于怀、闷闷不乐，甚至可以持续几天。医学研究表明，长时间的郁闷心理得不到释放，就像一把软性刀子，一刀一刀不知不觉地戕害身体，日久而产生巨大的危害。偏偏有些人年龄越往老走，越容易为小事耿耿于怀，长久持续地生闷气，这对老年人的健康危害极大。

《黄帝内经·灵枢》中对疾病的原因有一段说明："夫百病之所始生者，必起于燥湿寒暑风雨，阴阳喜怒，饮食起居。"我们的老祖

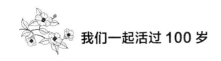
宗很早就明白郁闷忧愁等不良情绪是最原始的疾病根源之一，不但浪费身体的血气能量，更会引发人体各种疾病。如果一个人心胸狭隘，常生闷气，或者总是焦虑不已，便容易引发下面这些疾病：

（1）胃溃疡

很多人一定有过这样的体验，当你忧闷难平的时候，会感到食欲不振。因为它会引起交感神经兴奋，并直接作用于心脏和血管上，使胃肠中的血流量减少，蠕动减慢，食欲变差，严重时便会引起胃溃疡。

曾经有过这样一个报道：一名足球运动员受到教练的一顿无理斥责后，敢怒不敢言，引起剧烈胃痛发作，应用多种药物治疗无效。后来，在一名心理学家的指导下，将足球当成教练员的脑袋，狠踢一通，使压抑在心头的怒火发泄出来，结果胃痛不药而愈。

（2）乳腺增生

人生气后常表现为胁肋部、乳房、腹部两侧胀满，似乎有气在里面憋住，或有走窜疼痛之感，这是气机郁结在肝经部位的缘故。久之，女性可出现乳房胀痛，乳腺增生；中老年妇女甚至导致乳腺癌。甲状腺结节、肿大、甲状腺肿瘤的发生，也与心情抑郁，情绪低落有密切关系。

（3）胆囊炎、胆结石

肝郁气结，还可导致胆汁郁滞，使其不能正常分泌与排泄，不仅影响食物的消化吸收，出现食欲减退、厌食油腻、腹胀等症，还可以导致胆囊炎、胆结石。由于肝和脾胃相邻，有些人在生气之后，常见胸胁胀满，伴有腹胀腹痛，或肠鸣腹泻，中医称之为"肝脾不和"；如果生气后出现胃疼、打嗝、恶心、泛酸，或诱发胃、十二指肠溃疡病，中医称做"肝气犯胃"。

如果你爱生闷气，一定要改掉这种习惯，心胸开阔可以使人远离许多疾病。

嫉妒心重的人也容易引发身体的疾病

嫉妒心强烈到了一定程度，就是一种心病，而且这种心病还有可能引发身体的疾病。

医学研究表明，嫉妒者由于长期处于压抑、自扰的状态，会导致神经系统的功能紊乱，严重者甚至会心理变态或精神失常。

嫉妒心重可能导致失眠，会激发身体内的应激反应，使得应激荷尔蒙分泌增多，导致血压增高，患心脏病的概率增多。

现代精神免疫学研究揭示，脑和人体免疫系统有着密切的联系。嫉妒导致的大脑皮层功能紊乱，可引起人体内免疫系统的胸腺、脾、淋巴结和骨髓的功能下降，造成人体免疫细胞与免疫球蛋白的生成减少，因而使机体抵抗力大大降低。

嫉妒的危害，我国的传统医学也早有论述。《黄帝内经·素问》明确指出："妒火中烧，可令人神不守舍，精力耗损，神气涣失，肾气闭塞，郁滞凝结，外邪入侵，精血不足，肾衰阳失，疾病滋生。"

有些人进入老年依然嫉妒心重。比如有的老太太，看到自己熟识的其他老太太儿女有出息，孝敬的东西比自己儿女买给自己的东西要好，或者人家退休后的福利比自己好，或者同样年纪，人家看起来比自己年轻，这些都可能产生嫉妒。而人到老年，嫉妒是最没必要的。老年人不应该与人攀比，不必去在乎他人的好歹，活好自己晚年的每

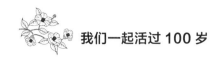

一天才是最重要的。嫉妒改变不了任何东西，反而会使自己因为心理不平而增加不快。爱嫉妒的老人是可笑的老人，既破坏友谊、损害团结，又贻害自己的心灵，殃及自己的身体健康。因此，老年人必须坚决地、彻底地与嫉妒心理告别。

第二节 心灵好似一泓水，清清淡淡少烦忧

1."淡"是升华后的简单

淡定这个淡字，表面看平平淡淡，但其结构里却饱含着冷与热、流动与稳健、外放与内敛，包含着一种互相依存与制约的辩证关系。你看淡字左边是三点水，右边是两个火，水属阴，火属阳，阴阳搭配，水火交融，是平衡有序的对立统一体。

所以淡不是一种简单的平淡、疏淡，而是经过心灵的修炼和人生智慧的熔铸后，升华而来的淡然。只有走过纷纷扰扰的人生路，洞明了世事，抵达到了一种领悟的境界，才能做到刚柔相济、水火交融。不曾经历沧桑，领略世事百态的"淡"，只是一种质朴的未经考验和洗染的"淡"，那样的淡如同少年的天真。中老年人生命特征体现出的"淡"，是繁花落尽，洗尽铅华后的淡，是经历了人世间的纷扰与复杂后的转身。中老年人的淡，是洗练后的淡，只有这样的淡定，才蕴含着智慧和觉悟，这样的淡，表面上淡，却把人生所有的复杂给浓缩和消化。

所以从淡字的结构来看，淡也体现了中庸，体现了平衡。中庸在中国文化中有着极高的地位，是一种智慧的觉悟；平衡对于老年人来说更是修身养性的基础要素。

淡定其实是浓缩了人生各种情感、经验、智慧后的大集成，真正达到淡定，需要的是修养。那些没有达到真正淡定的修养程度而佯装出的淡定，一不小心就会走样，成为淡漠，成为麻木，成为冷淡，成为木讷。而真正的淡定，包含人所有正面的情绪，真正的淡定并不缺

乏激情。泰戈尔曾说："外在世界的运动无穷无尽，证明我们的最终目标不在那里，目标只能在我们的精神世界里，只有来自精神的内部力量才能使我们在生活中保持永不枯竭的生命活力。"让生命充满内在意义，让我们热爱生活的力量从精神的内部发出来，而不是系于外部变化的世界，这正是淡定的要旨。

作为浓缩和消化了人生复杂百态后的"淡定"，对它的理解应当是充满辩证的。

淡定是丰富的安静。安静，是因为摆脱了外界虚名浮利的诱惑。丰富，是因为拥有了内在精神世界的宝藏。过于追求不切实际的目标，本身即是浮躁和妄想的表现。有些人之所以内心忧烦不宁，不是因为没有人生目标，而是因为不切实际的幻想而莫名地苦恼。脚踏实地地追求自己所认定的幸福，不好高骛远，不盲目攀比，失意时鼓舞自己，耐心坚守；挫折时告诫自己，勇于承受，跨过困难。面对别人的成功，你只会将那些看成风景，不会怨天尤人，更不会自怨自艾。人生如处荆棘中，不妄动则不伤。

淡定是激情澎湃的从容。人生如果没有从容的心境，人的一切忙碌就只是劳作，不复有创造；一切知识的追求就只是学习，不复有智慧；一切成绩就只是功利，不复有心灵的满足。只有心定才能行淡，一味的冲动于事无补，只会适得其反。淡定是大事前的谋略与专注，是对既定目标的精心筹划，是对各种可能的假设，是对世界和人生充满热爱，满怀激情，而不打乱脚下那音乐般的优雅节奏。这种从容是心灵经过感悟与修炼后自然而然，无为而治的反应，淡定中的从容的最高境界是：事从容有余味，人从容有余年。

淡定是低调的有为。淡定的人有能力去争取自己想要的一切，但他们却不完全看重这一切。淡定在当今纷争世界里是一道独特的风景，这种独特与生俱来，在各个领域初试锋芒，从小见大，从静见动，从近到远，从弱到强，淡定创造着一个又一个奇迹。然而繁华过后，人到老年，做到一览众山小，以更高的眼光笑看过往，让一切回归内心，不以物喜，不以己悲，宠辱不惊。

淡定是豁达的锐劲。豁达须先思想通达，想通了，才豁达。小道理服从大道理，软道理服从硬道理，旧道理服从新道理。坚持对的放弃错的，勇于颠覆传统而创新。从教条、经验主义以及传统观念和习惯思维的桎梏中走出来。豁达也是伦理的通达。少私心，才通达。成事之人，重在容人。一切豁达之士，都以辽阔视野、天下胸怀和恢宏气度看待一切。心胸如海托起百舸争流千帆竞发！

淡定是宽容的心态。唯有淡定，才能清楚地认清自己，客观地评价他人，正确地看待得失。面对外来的诱惑，才能保持清醒头脑，不为所动，面对朋友的背弃、希望的破灭，才不会耿耿于怀，徒增苦痛。真正淡定了，便没有了尖酸刻薄，没有了斤斤计较，更不会自寻烦恼，只会宽容一切，善待自己，善待他人。

总之，淡定是一种解脱的智慧，是洞明世事后的平淡，是智慧的简约，是人生经过升华后的简单，是中老年人必需的快乐之道。

2.“淡”的医学分析和养生指南

我们今天的世界是一个“浓”的世界。物质前所未有的丰富，新事物每天都在接踵而至，事物更新的节奏快速，信息爆炸，日新月异，令人眼花缭乱。走在大街上，也到处是一派"浓"的景象：闪烁的霓虹、电视屏幕，色彩浓艳的灯箱广告招牌，川流不息的车辆、人群，此起彼伏的扩音广告宣传的声音、歌曲，仿佛烧煮得鼎沸的火锅，香香辣辣，浓得化不开。

如此浓烈的外在氛围，甚至影响到了我们的饮食。调查发现，中国人的口味最近这些年来正变得越来越重。据饮食、烹饪界人士的公布，以辣为特点的川湘菜已经不再局限于中南、西南地区，而是进军全国，川湘菜目前已经打败了其他菜系，称霸全国。

口味的加重还是一个全球性现象，世界卫生组织 WHO 调查显示，全球三分之一的人口盐摄入量超标。其实不只是盐，我们的味蕾对酸、甜、苦、辣这些强烈刺激的需求也越来越多。其实还不只是味觉，人们已经从味觉延伸到了视觉、听觉……习惯被越来越浓烈的事物包围。

在物质空前丰富的今天，人们在穷尽一切可能之后，却渐渐发现这种浓烈的生活对身心的负面影响。光怪陆离、眼花缭乱的景象影响人的神经官能系统；嘈杂喧闹的声音使心理疲惫，减损寿命；快节奏的忙碌增加身心压力，诱发疾病。有多少人在喧哗的世界中反而倍感孤独，在五彩缤纷的世界中反而感觉色调的单一；在快节奏的生活中反而觉得丢掉了健康，丢掉了快乐。

于是，终于越来越多的人开始对这种浓烈的生活方式说不，提出了"淡生活"的概念，尤其在老年人中，得到越来越多的响应………

每月 15 日，被定为法定戒盐日。淡生活首先从饮食开始。医学专家从人的官能到心理和日常行为，推荐了一套淡生活的健康指南。要想做一个"淡生活"的人，建议你做好以下的"三部曲"。

步骤一：饮食清淡

哈佛大学医学院研究发现，即使每月戒盐一天，老人患上心血管疾病的几率也会下降至少10%。盐让味蕾快乐，还能使人的食量翻倍。盐是淡生活的头号大敌，以下事实，让我们有理由马上开始控盐。

（1）嗜盐让钙更快流失。这个时代，每天有如此之多的补钙品广告扑面而来，但你不一定知道，减少盐的摄入，同样能实现补钙。因为饮食中盐的摄入量是钙的排出量多寡的主要决定因素，盐的摄入量越多，尿中排出钙的量就越多，钙的吸收也就越差。因此英国科学家提出了"少吃盐补钙"的策略。

（2）口味重易患胃病。胃黏膜会分泌一层黏液来保护自己，但这种黏液怕盐，如果吃得太咸，日积月累的侵蚀，胃黏膜的保护层就没有了，酸甜苦辣长驱直入，使娇嫩的胃无法抵御，长久以往会引起胃溃疡、胃炎。

（3）吃盐多还有可能增加体重。因为为了盖住菜肴的咸，便可能不知不觉增加米饭的摄入。中老年人的饮食在于营养合理，配比均衡，而不是量多。

办法：

（1）烹调时，可将细盐末、酱油等撒在食物表面，既让味蕾受到刺激，唤起食欲，又能减少盐的摄入。一餐数菜时，可将盐集中在一种菜上。充分利用醋、糖、苦瓜、辣椒等自然调味食材，减少对盐的依赖。

（2）拟定一份新菜单，把危险的高盐食品列入黑名单，尽量少吃或不吃。这些食物包括：鱼类、肉类熟制品及罐头食品、薯片、火锅底料以及各种方便食品等。

（3）制作一个小盐勺按照每日所需的盐量画出标志，每天烹饪时合理分配。

（4）选择低钠盐，低钠盐里只含有65%的氯化钠，其味道与普通精制盐并无两样。

（5）每月一天戒盐日。即使每月戒盐一天，老人患上心血管疾病的几率也会下降至少10%。所以每月15号成为法定"戒盐日"。坚持每个月至少保持一天拒绝一切盐分，让自己的口味在这一天里完全淡下来，让味蕾得到休息，对身体的健康十分有利。你会发现，品尝一杯素羹的感觉同样很不错。

既然要做到淡饮食，其他味觉刺激也应一并淡下来。

（1）少喝含糖饮料。很多人都说自己很少吃糖，其实真正危险的是那些添加在食品中的糖，如瓶装茶、果汁、可乐和其他饮料等。这些糖不仅带来肥胖，还容易引起营养失衡，影响铁、锌、钙、维生素 A 的吸收，中老年人对这些饮料应尽量少喝。最健康的饮料莫过于纯净的白开水，清淡的茶饮也可以。

（2）少吃辣。辣虽然是五味中的配角，却往往喧宾夺主。辣最直接的后果是刺激肠胃，破坏胃黏膜，诱发各种胃病。而且为解除辣的口感，我们会吃更多主食，有的人会喝更多啤酒。

（3）"苦"要适度。吃少量的苦味食物有益健康，但中医认为，苦意味着寒，所以身体虚弱、寒性体质的人应慎食。另外，在致癌食品黑名单上，咖啡和浓茶属于模糊不清的可疑分子。

（4）放醋要得宜。醋可以降低血脂、软化血管，还可以开胃、消食，但如果摄入过量，就会损害肠胃。学会与酸和平相处，不妨在食酸前喝一点儿牛奶。否则，对于胃酸分泌过多的人来说，食酸无疑是雪上加霜，爱吃话梅的人同样需要注意。

步骤二：让眼、耳、心尽享淡生活

（1）让视线重回明澈。闪烁的霓虹、电视屏幕、网页、色彩浓艳的灯箱广告招牌等，给视觉带来了过多刺激，让人焦虑。所以淡化色彩对眼睛的刺激，让眼睛休养生息，也是淡生活的一要素。

（2）让耳根重回清净。朴素明净的环境，微妙隐约的音籁，可以让我们心灵平静下来，使身体器官得到休憩。老年人不宜多去闹市这些视听刺激强烈的地方，可以多去公园、郊区、河边等地方散散心。一来环境开阔，有助于心情开朗，心胸豁达，可使任何情绪的浓稠驱散淡化；二来空气清新，有利健康；三是处在自然的音籁中，令人心旷神怡。

步骤三：淡化信息的接收，让大脑有机会空白

在信息爆炸的这个时代，人们每天大脑接收的信息量已经大大超过了古人。我们生活在信息工具诸如报刊、电视、手机、网络的包围中。美国一项最新研究显示，一名美国人平均每天要接受约 34 G 信息，其中信息量相当于约 10.05 万个英文单词的信息量，34 G 的容量则相当于有些笔记本电脑硬盘存储量的五分之一。都市人不知不觉已经患上了资讯依赖症。最典型的，就是对于搜索引擎的过度依赖。生怕错过任何信息，生怕跟不上潮流，海量信息让你焦虑，虽然这当中 95% 的

信息其实和自己没有任何关系。事实上，这种超载干扰了你原本的注意力，更危险的是，在被大量资讯冲击后，人们对于资讯的深度理解和处理能力会弱化，量增带来了质的下降。

加利福尼亚大学圣迭戈分校开展了一个名为"多少信息"的项目，研究美国人获取信息的情况。研究人员估算出，一名美国人每天从电子邮件、互联网、电视和其他媒体获取大约 10.05 万个单词的信息量，相当于大脑每秒接触 23 个单词。

研究人员认为，如此大的信息量给大脑带来压力，人集中注意力的时间因此缩短。

研究报告作者之一罗杰·博恩表示："人们的注意力被分割成更短的一段段注意力，这不利于深度思考。"心理学家爱德华·哈洛韦尔说，一些人"忙于从各种渠道获取信息，而顾不得去思考和感受"。哈洛韦尔认为，这些人接触到的大量信息都停留在表面，"牺牲了深度思考和感受，变得把自己隔离起来，失去了与他人之间的联系"。

此前，早有科学家研究指出，人脑中存储太多的"垃圾信息"对身体健康不利。由此说来，每天大脑大量地摄入信息，既不利于深度思考，也不利于身心健康。

而且相比于年轻人，老年人的大脑里存储的信息量已经过大。科学研究指出老年人反应之所以较慢的原因，就是因为老年人大脑储存了人生中积累的大量信息，处理或者读取信息时需要更长时间。

人脑好比电脑，蒂宾根大学的拉姆斯卡博士带领研究小组编制一套程序，让计算机每天读取一定量的信息，学新单词，接受新指令，了解新事物。当计算机读取速度很快，在认知水平测试中的表现一如风华正茂的成年人。但当这台计算机读取相当于一个人一生经历的大量信息后，再接受认知水平测试，它的表现犹如老年人。研究人员认为，计算机的反应比较慢不是因为处理能力下降，而是因"经历"丰富致使数据库比较大，需要处理的数据比较多，需更长时间。

拉姆斯卡博士说："步入老年，大脑运转变慢，但这仅仅是因为随着时间推移，大脑储存了越来越多的信息。老年人的大脑功能并未变弱，相反，大脑只是知道得太多。"

所以，老年人大脑中的信息量已经饱和，不必像年轻人一样让自己受到太多信息的困扰。那些信息中95%的都是无用、琐屑的垃圾信息，它们会像病毒一样侵入进来，使大脑的反应变慢，并损害身体健康。

所以老年人要做到信息的"淡化"，过量无用信息的摄入跟嘈杂的噪音，刺眼的光亮一样会使身心疲惫，甚至有过之而不及。

要做到淡化信息生活，可每天适当地空出一些时间，离开电视等信息媒介，有意识地关闭外界信息对大脑的侵入，多去公园等景致幽雅的地方活动。另外，把看电视、手机、网络的时间多分出一些用于阅读书籍。书籍上的知识，尤其是一些安静地沉淀在经过时间检验的古典、经典、名著里的信息，其质量比外界大部分信息高得多，它们不同于"垃圾信息"，对智慧和修养的提高乃至修身养性都有益处。

老年人应远离"信息病毒"的侵害，大脑清淡澄明，则健康而智慧。

3."淡化"身心的养生小窍门

我们处在信息爆炸的社会，即使有意地为自己划出一块恬淡的空间，避开信息的侵扰。但时间长了，大脑仍然会不可避免地接收、积累过量的信息，因为我们毕竟生活在社会中，而不是远离尘嚣，独居世外。过多无用的信息存储在大脑中，渐渐地会形成大脑中的"垃圾"，大脑"垃圾"过多，会出现头昏脑涨、记忆力减退、烦躁、易怒种种问题。科学研究指出，现代人之所以常常烦躁、易怒，情绪不佳，垃圾信息的过多侵入对情绪的影响不无关系。所以现代人要适时地清扫大脑，让沉重的大脑得以放空。这种清扫大脑的措施，我们称为淡化身心。淡化身心就在于从生活中的细节着手，有以下具体的小窍门。

一、食疗

相较于年轻人，老年人大脑中的信息本已过剩，更应注意清除脑中的"垃圾"，保持大脑清淡澄明。除了适当避开外界无用信息的干扰，有针对性的饮食也能帮助清扫大脑中的"垃圾"。

中南大学湘雅医院营养科李惠明教授说，现在有一项新的研究发现：适当摄入一些粗粮，比如玉米、小米、紫米、燕麦等，对清除大脑垃圾，缓解大脑疲劳很有帮助。

脑力劳动过程中，为了存储、处理源源不断的外界信息，大脑会大量消耗能量，产生乳酸、乙酮酸等酸性物质。倘若它们滞留在大脑中，容易出现大脑疲劳、烦躁、易怒、思路中断、出错以及记忆困难等症状，影响正常工作。

然而被称为"脑的维生素"的维生素 B1 是身体中这些酸性物质的主要"清洁工"，且能刺激脑部神经的传导功能，保持良好的记忆，减轻脑部疲劳。

维生素 B1 主要存在于粮食的胚芽中，但我们平时常吃的精米、白面在加工过程中将胚芽中的营养都损失了，这就导致了维生素 B1 的供给不足。因此，多吃粗粮，有利于保证足够的维生素 B1 的供给。

还有一个问题是"粗粮"吃起来不像"细粮"那样顺口，消化吸收率也比较低，因此吃的方法很重要。

李惠明教授建议，最好的方法之一是煮粗粮粥：将粗粮提前浸泡一夜，能缩短烹饪时间，口感也更好。也可以把粗粮与细粮混起来吃，搭配蛋白质、矿物质丰富的食品以帮助吸收。

另外需要提醒的是，胃肠功能差的人还是要适当少吃粗粮，比如有胃病的人。

二、侧睡

没错，侧睡更利于清扫大脑中的垃圾。据美国科技新闻网站"未来"报道，比起平躺或趴着睡，侧着睡对人的大脑更有帮助。报道称，侧睡不但有利于大脑进行自我清理，同时也可以降低阿兹罕默症、帕金森病和其他神经疾病的发病率。

研究人员说，经过一天的辛苦工作对大量信息的处理，人的大脑会产生各种淀粉类蛋白质，比如 β 蛋白等。这些蛋白质是大脑工作了一段时间后留下的"废物"，除了严重影响大脑的正常运转，还可能诱发阿兹罕默症和其他重大神经疾病。

而清扫这些"废物"的，是大脑内的类淋巴系统，可以通过一系列的清理和溶解过程，辨认并处理掉大脑里的"废物蛋白质"，换大脑一个干净的"工作环境"。

研究人员通过多次试验发现，和仰卧、俯卧相比，人们在侧卧的情况下，类淋巴系统的运输效率最高，也就是说，侧卧能让大脑更高效地消灭废物。

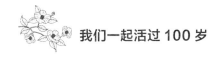

三、静坐

静坐是淡生活极为推荐的一种养生之法，静坐能有效地缓解大脑疲劳，扬清去浊，保持澄明恬淡的状态。

作为一种古老的养生方法，静坐在我国可追溯到五千年前的黄帝时代，具有养生延寿，开慧增智的奇特功效，儒、释、道和瑜伽术对静坐都很重视。

现代科学通过对静坐的研究发现，静坐可消除疲劳，提高记忆力。由于大脑处理大量信息，会消耗氧量，所以每天需要自我清理和休息，这段时间便是睡觉的时间，所以当人感到疲倦欲睡，便是大脑发出要自我清理的信号。但美国伊利诺斯大学的科学家们对 40 名学生进行静坐生理实验后发现：只要静坐 5~10 分钟，人的大脑耗氧量就会降低 17%，而这个数值相当于深睡 7 个小时后的变化，同时发现受试者血液中被称为"疲劳素"的乳酸浓度，也在不同程度上有所下降。

科学家发现，人在静坐时，脑波由清醒和忙碌状态的 β 波转为放松和专注状态的 α 波，这可以活化脑部尚未使用的区域，增进智力和认知能力，促进情绪稳定，创造正面情绪，放松心情，强化道德推理，提示自信心等有益的作用。而脑波转为放松和专注状态的 α 波，恰好弥补了信息时代人们由于处理大量信息导致集中注意力的时间缩短的弊端。所以静坐是维护大脑活动状态平衡的绝佳方式。

近年来，静坐已经被全世界越来越多的人所推崇。中国古代文人修习静坐养生法的很多，在这里介绍一下禅宗修习禅定的"七支坐法"，此法最为常用，老少皆宜，效果显著，且方便易行。

所谓七支坐法，是指肢体的七处要点都要放置到位之意，此种坐法又称跏趺坐，俗称盘足坐法。其法如下：

首先，放好坐垫，双足结跏趺而坐，也就是双盘足。初学者如果不能双盘，单盘亦可。或将左足放在右腿之上，叫做如意坐；或将右足放在左腿之上，叫做金刚坐。其次，脊梁直竖，使脊椎每个骨节如算盘子般相叠竖直，但不可过分用力。然后，将左右两手放于脐下三寸丹田之前，两手心向上，右手背平放于左手掌上，两个大拇指轻轻相拄。这便是禅修所说的"结手印"，此种手势名叫"三昧印"，也就是"定印"，使人较易进入静态。与此同时，左右两肩稍稍张开，使之平整适度，不可沉肩塌背；头要正，后脑稍微向后收，前颚内收，双目微张，似闭还开，视线随意确定在座前3~4米处，但需熟视无睹，也可双目微闭，收效亦佳。最后，舌尖轻舔上腭，犹如婴儿酣睡状，随之便可进入静坐状态。

每次结束静坐前，应摩擦两掌，使生热感，再以两掌轻轻搓脸若干次，用两手手指自前向后梳头若干次，然后双手叠放，掌心向里，手背朝外，置于脐下三寸处，3~5分钟后再徐徐睁眼，离座，活动手脚。

如果觉得以上静坐方法仍然有难度，尤其是老年人也许难以盘腿，那么可以先试试一个更简易大众化的静坐方式，等熟练习惯了，再尝试以上方法。

（1）调节座椅到适当高度，臀部顶着椅背。

（2）双脚略为前伸，超过膝盖。

（3）手掌心向上，放在大腿上。

（4）头自然正直，忌僵硬。

（5）放松双肩，下垂勿耸起。

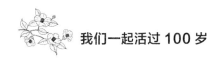

（6）闭上双眼，吐出浊气，合唇，舌抵上腭。

（7）慢慢吸气、吐气，保持呼吸的细长深远。

如此每天抽出 10 分钟，静静坐下，也许你会有意想不到的收获。另外，可与第三章"静功"修持法介绍的保持安静的法门结合运用。

第五章

静生活

　　浮躁的人常常坐卧不宁，心不在焉；常常没有耐心做完一件事；常常计较自己做得太多，得到的太少；常常感到身心疲惫……

　　浮躁带给我们的是什么？是没有耐心、朝三暮四，是浅尝辄止、患得患失，是焦虑不安、急于求成……

　　如果你曾经浮躁，步入中晚年的你，是应该让心灵静下来了。

　　在静心里，我们可以品味到浓浓的茶香，可以闻到沁人心脾的花香，可以感觉到温柔的微笑，甚至你可以听到风吹过森林树叶的沙沙声。生活对于我们来说不再是一团无序的乱麻，生命也不再是无意义的重复。这就是静心所带给我们的宁静，它是对生命和生活的一种高级的思考，更是一种健康的生活方式。

　　静生活追求的最佳心理状态是"工作再忙心不忙，生活再动心不动"。是对中老年人的生活启示和对"高速时代"的生活反思，同时也是一种健康、积极和自信的生活态度。让我们在安静中学会珍视健康，享受生活。

第一节 境由心生，心闹者的世界永远喧嚣

1．静生活，并不是周围越静越好

　　不要以为所谓的静生活，主要是指在外部环境上力求安静，越静越好。如果你这样认为，那就错了。居住环境的清静，对老年人的养生固然有益，但并不是无限度的越静越好。这是有科学实验根据的。

美国明尼苏达州明尼阿波利斯市南部有个零噪音实验室，名为奥菲尔德的消音室。里面遍布吸收噪音的设备，实验室四面由厚重的玻璃纤维隔音棉、双层绝缘钢墙，以及混凝土构成，能吸收99.99%的声音，进去以后绝对安静，仅能听见自己的心跳声和肠胃里食物的消化声。研究人员让一群志愿受试者分别进入这个房间里。结果发现，所有的受试者在十几分钟以后便会感到不适，半个小时左右开始感到极度恐惧，精神高度紧张，无一例外地逐渐失去理智控制，一个个发疯似的从房间里冲出来。据称在这个房间里待得最长的一个人也只坚持了45分钟。

研究人员得出结论：一个完全没有声响的环境，对人的身心健康，尤其是神经系统会造成很大损害，使人产生恐惧不安、心律失常、食欲减退以及心理上莫名的压力，出现情绪烦躁、思维混乱等。

科学家进一步分析，过去人们常常认为喧闹的环境会影响人的寿命，越安静才越有益于长寿的观点，现在应该做一些修正。人在过于安静的环境里待久了耳朵会逐渐变得敏感，屋里越安静，耳朵听到的杂音其实越多，比如自己心跳的声音、胃肠蠕动的声音，你自己就变成了噪音的来源。在这种静室中，会产生一种自我分离的感受，人很容易迷失方向，变得暴躁，继而恐惧。这样安静的环境会让人体所有的器官处于不正常的运转中，在奥菲尔德的消音室里有不少人产生官能错乱，出现幻觉。因此，科学家得出证明，安静虽然大体上有利于人体的健康，但却有个限度，超过了某个限度，就会适得其反。

噪音太强的环境确实不利于人体的健康，所以生活中人们总是想尽千方百计来减少和消除噪音，以保障身体健康。不少老年人喜欢幽雅安静的环境,却不知道如果过分追求安静也会出现矫枉过正的弊端。很多家庭让老人单独在安静的屋子里居住,当活泼好动的孩子到老人的居室里玩耍时,父母经常会把孩子拉出去,并叮嘱说:"不许到爷爷奶奶屋里去吵闹!"表面看,这是为了让老年人安好,而实际上,过于追求安静的做法对老人的身心健康更有害。

美国有一座高层建筑,大楼里每个房间的吸音性都非常好。然而,人们搬进来居住没多久,不少居民就出现了许多相似的不良反应:血压降低,白细胞数量减少,忧郁失眠等。后来,经专家反复检测,发现问题原来就出在"房间的吸声性能太好了"。于是,工程师们就在每个房间装上了一台能发出轻微声音的小振动器,结果,居民们很快就恢复了健康。

可见,人还真不能处在太安静的环境中。

专家指出,长期让老年人生活在极度安静的环境中,反而会走向健康养生的反面。老人的生命历程本已进入晚年,又长时间在过于清静的环境中"与世隔绝",更容易引发人生迟暮悲凉的感受,会渐渐变得性情孤僻,精神不振,冷漠待人,对周围的一切漠不关心,对生活失去信心,甚至会患心理疾病及其它一些疾病。

大自然中许多声响对老年人的健康是极其有益的,诸如鸟语虫鸣,海浪拍岸,松涛呼啸……这些不仅可以陶冶人的情操,而且可以给人一种良性刺激,稳定人体的内环境。另外,优美的音乐能给人以美的享受,使人精神愉快,精神焕发,对老年人更是如此。儿孙子女多多亲近老人,友人邻居之间多多交流,都有益于排除老年人的寂寞。

所以,老年人对生活环境不可要求过分的安静,各种适当的良性刺激是有益身心健康的。

２．即使世界吵闹，也不要再给心灵雪上加霜

既然静生活并不是指外部环境越静越好，那么什么是静生活呢？静生活是一种自己掌握的"心法"，不依赖，至少不完全依赖外部环境的安静与否。你的生活安静与否，取决于你的内心是否安静。

翻开中国历史，可以发现，千百年来，古代学者们一直把静养当作做学问必不可少的功夫之一。在他们看来，读书的主要目的是为了做人，而要做人就不能停留在书本上，为此须要做两件事：这两件事是一动一静，动就是在生活中践履书本上的知识，静就是通过静养把学到的知识凝练为内在的精神力量，其中静坐又是静养中不可或缺的部分。

人要想清清醒醒地活在世上，就要在"静"上下工夫。《礼记》中记载，中国人很早就有在祭祀等重要活动之前沐浴、斋戒的传统。《礼记》中所说的"散斋""致斋"，就是一种静养、调心的过程。孔子的学生曾子在《大学》中提到"定、静、安、虑、得"的思想，诸葛亮则有"非宁静无以致远"的箴言。到了唐宋时期，新儒家学者把佛教中的静坐之法借鉴、吸收并加以改造，并在自己的生活中加以实践，形成了一个日趋成熟的静坐传统。

明代学者吕坤在《呻吟语》中曰："造化之精，性天之妙，唯静观者知之，唯静养者契之，难与纷扰者道。"大意是，宇宙人生最深刻的道理，只有安静下来后才能体会到；那些纷纷扰扰、心神不宁的人，一辈子昏昏沉沉、浑浑噩噩，到死都不会明白。正如水只有安静下来

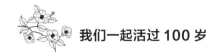

才能映照星月一样，人心不能宁静，岂能把握生命的真谛，又怎能对人生获得清醒的认识？

在古往今来的智者看来，所谓静，主要在乎自己的心能静下来，外界的情况只是其次。

有一个故事，说一位爱好艺术的国王拿出一大笔奖金召集全国的画家们比赛，看谁能画出最能代表平静祥和的意境。有的画家画了黄昏森林；有的画了宁静的河流，小孩在沙地上玩耍；有的画出彩虹高挂天上，绿油油的草地上几头牛悠闲地吃草；有的画了沾着几滴露水的玫瑰花瓣……

国王亲自看过每件作品，最后只选出两件。

第一件作品画了一池清幽的湖水，周遭的高山和蓝天倒映在湖面上，天空点缀了几抹白云。仔细地看，还可以看到湖的左边角落有一座小屋，打开了一扇窗户，烟囱有炊烟袅袅升起，表示有人在准备晚餐。

第二幅画也画了几座山，但山形阴暗嶙峋，山峰尖锐孤傲。山上的天空一片漆黑，闪电从乌云中落下，降下了冰雹和暴雨。

这幅画和其他作品格格不入，但是如果仔细一看，就可以看到险峻的岩石堆中有个小缝，里面有个鸟窝。尽管身旁狂风暴雨，小燕子还是一如既往地蹲在窝里。

国王将朝臣召唤过来，将首奖发给第二幅画的作者，他解释说："宁静祥和，并不是要到全无声音、全无辛勤工作的地方才找得到。宁静祥和的感觉，能让人即使身处闹境也能维持心中一片清澄，这就是宁静的真谛。"

第二幅画的精妙之处就在描绘出了一只小燕子，在狂风暴雨中一如既往地蹲在窝里，不为外界环境所影响。如果小燕子内心没有一种宁静，那么它就不可能一直蹲在窝里，也许早就飞了出去。宁静就是无论身处何处，都能以一种宁静祥和的态度泰然处之。

的确，有时候我们周围的环境并不总是那么安静清幽，有的人经常抱怨环境的喧闹影响了自己的工作、休息，把周围环境作为罪魁祸首。殊不知，佛家讲境由心生，意思是周围的环境感受都会随着自己的心境变化而变化。环境会作用于心，而心也会作用于环境。人们觉得外部太吵，很多时候是加入了自己的内心强化的结果。

王先生不到五十岁，正值盛年。最近小区旁边的地基被挖开，进行市政建设。每日推土机、吊车等机器工作的轰鸣声吵得王先生不得安宁。王先生是某公司的资深策划，每天吵闹的机械工作声音让他感觉自己工作状态下降，休息质量也不那么好了。有时候在家，脑袋里正酝酿一个工作上的项目，外面机建的声音就让他思路全无。尤其是周末本可以在家休息的两天也成了煎熬，只好跑到外边去，待日落才回家。有时候在家想看看书，看不了几页，就被外面的声音吵得把书本放下。

他所住的这栋楼里不少人也和王先生一样不堪其扰，有的老人由于忍受不了，还搬到了乡下或亲戚儿女家居住，以避开这段喧闹时期对健康的伤害。

但有意思的是，王先生的邻居，一位七十多岁的老人却没有搬走。当王先生向老先生抱怨这段时期外面太吵影响生活时，老人只是笑而

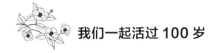

不语。王先生问他难道不觉得太吵，为什么不和其他老人一样搬出去住？这位耳聪目明，喜欢参禅礼佛的老人告诉他："比这吵闹得多的环境我都适应过。每个人都不喜欢噪音，既然无法改变，我们能做的就是不去管它。你之所以觉得难以忍受，是因为你老把注意力放在外面的噪音上，这样你就产生了执念，你的注意力越是放在外界的声音上，外界的声音就会越来越放大到你的心中，那么你的内心就永远安定不下来。"

老人向王先生讲述了境由心生的道理。当一个人出现任何强烈执著的时候（包括执著于外界的声光刺激），就会在心里形成一种负面力量的堆积，时间长了，这种堆积会像山一样挥之不去。王先生等人之所以不堪市政建设之扰，其实本来没有他们以为的那么吵，更主要是他们的"执念"成了一个扩音器，把外界的吵闹在心里放大了。

外界的刺激会影响我们的内心，而内心的执念又可以强化外界刺激的效果。

明代心学大师王阳明提出"心外无物、心外无理"，"万事万物之理不外于吾心"，认为人对外界的认识，都是内心反映，都能从内心找到答案。

如果我们周围的环境确实有些吵闹，至少我们可以控制自己的内心，不要因为外界的吵闹而给自己的心灵雪上加霜。

3. 浮躁，静生活的死敌

很多人都说：这是个浮躁的时代。大家都浮躁地活着，忙着各种自以为重要的事，忙到忘掉忙的目的。现代社会的快节奏特征，无形中滋生着人们内心浮躁的指数。商业文化的泛滥，让这个世界太吵，太令人眼花缭乱。市场经济的大背景，不知不觉驱动着人们急功近利，于是变得患得患失，越来越难按捺住一颗驿动的心，守住那份平和淡定。

影视作品里，我们看到的主人公大多是家住豪宅、出门坐宝马的成功人士，却很少去体现普通百姓的生活；报纸刊物上，也是极力宣传甚至捏造那些成功人士的创业经历，把成功创业看作是一件比较容易的事情，好像我们国家遍地是黄金，人人都能成为富豪，而完全不顾大多数老百姓永远成不了富豪这个事实；统计部门和新闻媒体常常津津乐道的各种"人均"、"平均"的统计数字最是害人，动不动就自豪地公布国人平均月工资增长到了几千几百，农民人均年收入达到了几万几千，城市居民平均住房面积是多少，老年人人均存款是几何等等。

这些所谓的"人均"、"平均"统计数字，等于在暗示人们：你达到这个水平没有？你有没有拖后腿？这无异于增添人们的烦恼，引起人们互相攀比，而完全不顾"发达"者在这个社会上永远只是少部分人，绝大多数人一生都只是平平常常。社会上对成功和财富漫天夸大的宣传，掩蔽了绝大多数人平凡的真相，使多数人对自己不满而竞相攀比，攀比的结果就是觉得自己活得窝囊，活得苦恼，于是浮躁不平的心就这样愈演愈烈。有的人到了老年退休以后，依然没有平复那颗浮躁的心。

老杨退休几年后，买了一套１２０平方米的新商品房，换掉了以前８０平方米的旧房。为此耗费了老两口一辈子积蓄的三分之二。老伴起初不同意，觉得人老了，手头上要留些钱，怕万一有个三病两痛。但最终拗不过老杨反复做思想工作，只好同意。

老杨也有老杨的道理，说换一套大点的房子，也好为儿子将来结婚娶媳妇用。但家里人其实清楚，主要原因是老杨羡慕别人搬进了大房子，而自己家那套８０平方米的旧房已经住了二十几年，不甘心就在这套房子里终老。

事实上早有朋友跟他说，人到老了，必须留钱，以备养老之需。如果经济宽裕买套新房安享晚年倒无不可，而老杨只是普通退休职工，经济能力有限，切不可为住房的虚荣而耗费一辈子的积蓄。至于儿子结婚，儿孙自有儿孙福。况且我国现在楼盘建筑越来越多，已经开始过剩，执行了几十年的独生子女政策会导致将来人少房多，再过多年房价一定会便宜，所以普通收入的老百姓，房子只要够住就住，实在没必要耗费一辈子积蓄去买房。

这些老杨都没有听进去，一意孤行买下了房子搞了一通装修。新房没住几年，老杨的老伴就患了大病住院，不但耗费了好几万，以后每月还需两千多元医药费维持观察。这对积蓄耗去大半的老夫妻实在不堪重负，好在还有儿子的工资承担大半。儿子刚交的女朋友看到他负担这么重，家庭条件也一般，竟离他而去。

像老杨这样晚年浮躁的例子很多。不顾自身经济水平，与人攀比，心理不平衡，就是浮躁的根源，也必然为浮躁所害。其实只要能够理性思考的人都会知道，老年人手头上一定要留钱，非万不得已不可挪用，岂可因攀比的虚荣心理花掉大半辈子的积蓄呢？老年人最重要的是生活恬适，心情愉快，懂得保健，再加上子女孝顺听话，儿孙满堂，就是幸福，跟是否住进高档的住房没有必然关系，如果为此还花掉毕生积蓄，还会给自己增加心理的不安及降低日常生活的水平，这样一来更容易影响身体健康。

浮躁本质上是对自己现状的不满，是与人攀比后不愿接受自己的负面心态。在云南西双版纳的热带雨林中，有这样一种树，如果周围的树都长得比它旺盛，它就会变得急躁，更加快速的汲取养分，去和那些得天独厚的树去竞争，最后却因为养料不足而"气愤"地死去。

这种会生气的树木就是珍贵的小乔木檀香。檀香本不是高大的树种，它偏偏要和那些高大的树木去竞争，最后"气愤"而死。现实生活中，也有很多这样的人，他们喜欢与自己身边的人攀比，一旦比不过人家，就有一种严重的失落感，整天郁郁寡欢，心浮气躁，长此以往，就会积怨成疾。

浮躁是魔鬼，一旦入心，便不死不休的纠缠着你。心浮气躁、急功近利的人很难真正快乐，因为浮躁使他们的心静不下来。静不下来的本质是一种心理的不安。他们被这样不良的心态所羁绊，日渐远离平和的心境和快乐从容的感觉。遗憾的是一些人到了晚年，也未能走出浮躁，像檀木一样糟蹋自己原本应该清心寡欲、和乐悠然的晚年生活。

一个人如果控制不住浮躁的心理，是获不到心灵的平静祥和的。老年人如果摆脱不了浮躁，无论是住在豪华的别墅里，还是清幽的农家小院，都不会有幸福感。因为你的内心已经住进了一个静生活的死敌！

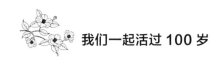

第二节 能量自从静中来

1．少安毋躁，不妨对外界"迟钝"点

我国传统的气功养生，讲究入静，排除杂念，不受外界干扰，以作为恢复人体精气，聚集能量的方法。

外界的声、光、色、影等构成的喧嚣，对人体的能量会产生消耗，过分关注外界的刺激，会加速能量的流失。所以有时候，人对于外界的刺激反应过于敏感也并非好事，很容易让我们的心被外界所牵引而失去自我。很多人都说自己很累，但主要不是身体疲累，而是心累。之所以心累，很重要的缘故就是我们的心灵被喧嚣的外界所吸附，所操控，得不到充分的修养与复原。尤其对于老年人，不过分把注意力放在外部，适量地将心力收回自身，有利于养精蓄锐，清心提神。于是这便要求老人最好对外界的刺激"迟钝"点。这里所指的迟钝不是提倡真的要耳不聪，目不明，而是一种自我的屏蔽能力，能够把部分的心力从外界收回来，不受外界的干扰，减少外界事物对心灵的刺激，减少精气的流失。

事实上，很多耳聪目明，长于养生健体的老年人，都善于排除嘈杂的外界干扰，保持内心的平静。旧时许多武术名家及气功大师，都是善于屏蔽自己的耳目，保持平静的高手。反之，那些感觉器官看上去十分敏锐的老人，由于一点点外界的刺激就能干扰到他们的内心，很容易心神疲劳，消耗健康，多年以后，由于身体健康恶化，反而比常人更容易变得眼花耳聋，感官迟钝。那时候的迟钝是真迟钝，是身体老化病态的结果，绝非本节提倡的可自我掌控的"迟钝"。

蒙克夫是一位国际著名的登山家，他成功征服了世界第二高峰——乔戈里峰。乔戈里峰海拔 8611 米，许多登山高手都以不带氧气瓶而能登上乔戈里峰为第一目标。但是，几乎所有的登山高手来到海拔 6500 米处时，就无法继续前进了。因为这里的空气非常稀薄，几乎令人感到窒息。

因此，对一般登山者来说，如果想靠自己的体力和意志力，独立征服海拔 8611 米的乔戈里峰峰顶，确实是一项极为严峻的考验。但是出乎大家意料的是，蒙克夫却突破障碍做到了。

其他登山者百思不得其解，于是在一次记者招待会上，蒙克夫为大家解开了这个谜团。蒙克夫认为，在突破海拔 6500 米的登山过程中，最大的障碍是心里各种翻腾的欲念。因为，在攀爬的过程中，任何一种小小的杂念，都会让人意念松懈，转而渴望呼吸氧气，慢慢地让人失去冲劲与动力，而"缺氧"的念头也开始产生，最终让人放弃征服的意志，接受失败。

最后，蒙克夫总结道："如果想要登上峰顶，首先，你必须学会清除杂念，脑子里杂念愈少，你的需氧量就愈少；你的欲念愈多，你对氧气的需求便会愈多。所以，在空气极度稀薄的情况下，想要攻上顶峰，你就必须排除一切欲望和杂念！"

蒙克夫的成功秘诀之一就是通过自控，达到了一种"迟钝"状态，因此他的大脑和身体不像其他人那样强烈接收着外界"缺氧"的信息。很多登山失败的人，就是由于对缺氧的担忧，使他们的感觉器官在攀

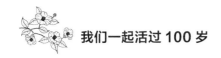

登时变得比平常更加敏感，心里总想着氧气的问题，结果反而加速了对氧气的消耗。他们不知道自己其实完全可以坚持更久，诀窍便在于排除一切杂念和欲望，弱化感官，做到一心一意。

2．专心致志的人自然安静

俗话说，心静自然凉。你的心安静了，世界于你就安静。而安静的窍门在于专心致志。

毛泽东年轻的时候，为了锻炼自己闹中取静，特意在车水马龙、人声鼎沸的闹市街边读书。这其实就是训练自己能够自由屏蔽外界刺激的能力。一般人做事情，如果外边太吵，会觉得容易分心。没错，这是人生理的正常反应。但是反过来也说明了一个问题：就是在吵闹的环境下如果去特意做一件事，那么吵闹的效果就会在我们的感官中降低。

这个逆向思维的道理对老年人尤其适用。因为老年人一切以养心健体为中心，不像年轻人那样要去做一些必须完成的任务。年轻人因为工作、事业的关系，即使能够闹中取静，也必须要达到一个目标和结果。老年人则不然，老年人没有工作的压力，凡事不必求结果，可以为了闹中取静而闹中取静。

只要感觉心神不宁，周围的声响影响了你的舒适宁静，那么就去特意找件事情做，这样你的注意力就转移了，外部声音听起来也不那么吵了。至于那件事情做得如何并不重要，它已经帮你化解了部分外界的噪音，老年生活的一切文娱活动不外乎就是起到静心养性的作用。注意力转移法永远是排除干扰，锻炼耐心的有效方法。

　　清廷派驻台湾总督刘铭传，是建设台湾的大功臣，台湾的第一条铁路便是他督促修建的。刘铭传之所以被任命，曾有一则发人深省的小故事：当李鸿章将刘铭传推荐给曾国藩时，还一起推荐了另外两个书生。曾国藩为了测验他们三个人，便故意邀约他们在某个时间到自己的办公府邸面谈。可是，到了约定时刻，曾国藩却故意不露面，让他们在大厅中等候，暗中却仔细观察他们的态度。当时曾国藩幕府身系国家安危，府内繁忙，人来人往，一派紧张忙碌的景象，只见其他两位书生在那里坐着坐着终于有些不耐烦了，开始躁动起来，并不时发出抱怨声，只有刘铭传一个人安安静静、心平气和地欣赏墙上的字画。曾国藩一边处理公务，一边暗中对这三人进行长时间观察后，得出刘铭传能担当大任。后来，曾国藩考问了他们大厅中墙上的字画，也只有刘铭传回答从容，最具见解。结果，刘铭传被推荐为台湾总督。

　　这就是人专心于一物后产生的淡定效果。有修养的人总能够不急不躁，通过注意力转移法消弭因等待、嘈杂等外部因素对内心情绪的影响，一方面是平静自己的心境，另一方面也给人以良好的印象。

　　当你感到心神不宁，老是静不下来，屋外孩子们玩耍叫喊的声音也太吵，或者有工人在做维修，或者远处哪里又在唱歌跳舞进行商业宣传，如果感觉已经被外界的存在所扰，记住前文说的，即使世界吵闹，也不要再给心灵雪上加霜，切勿把注意力放在外面的吵闹上，切勿在心里反复制造"外面真吵"的执念，那样的话，你会感觉外面的噪音越来越大，直至不堪忍受，而事实上远没你想像的严重。

　　所以最好的办法就是当噪音被你的大脑所注意时，去找一件感兴

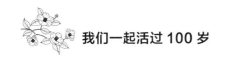

趣的事情做做，例如听音乐、演奏乐器、绘画、书法等等。

3．静是智慧，也是技术，"静功"修持法

我们已经知道，心静则世界静。心静的窍门在专心。除了寻找喜欢做的事情转移注意力，化解不安静的外界干扰，让内心平静也是一种可以靠锻炼得来的技术，古今中外还有一些专门使人入静的方法，现介绍几个简单易行的方法给中老年朋友。

一、守丹田入静法

守丹田入静法即把意念放在丹田部位，达到入静的效果。丹田有上中下之分。普通人推荐以守中丹田为宜，即两乳头连线中点的膻中穴为中心的区域。

静坐前先随便活动一下，畅通气血，然后静坐在床上或椅子上。入静时两腿自然合盘，左脚向内，右脚向外，双手自然合拢，并端坐凝神内视，两眼微闭，留一线之光，舌抵上腭，牙齿相合，意守丹田，似有意，似无意，绵绵不断。

二、默字入静法

即默念一些有利入静的字或词句，使涣散的意识集中起来。比如静坐后在脑海里存想一"静"字或"清静"等字，存想的字句由炼功者自定，只要积极向上均可，一般应在九个字范围内。

三、天地存一物法

找一个周围的单调声响，如夏天电风扇的嗡嗡声，秋天唧唧鸣叫

的草虫声，吱吱的鸟叫声，淙淙的流水声，雨打檐瓦声……总之，一切柔和有节奏的声响都能帮助我们进入安静的状态。把意念放在选定的那个声响上，想像天地间只有此物。

四、反想回忆法

有时候人们静不下来，心头总是杂念丛生。这时不妨因势利导，不必强迫自己驱除杂念，索性回忆一些愉快的往事，特别是亲身经历中感受最深，最有回忆意义和趣味的事。但千万注意只想某一件事或物，不要牵涉太多，只圈定一个最佳的画面，否则遐想连篇，就再不能入静了。这主要是用突出的一点来抑制其他的杂念。

五、视物入静法

这也是一种因势利导的方法。将自己最喜爱的物件，如美丽的花卉、可爱的雕塑、玻璃缸里的金鱼，书画艺术作品等，放到面前，眼睛微微张开，含情欣赏，这也能产生入静的良好刺激，使思想逐渐安静下来。

以上五种方法，可任选一种，每次进行 15~30 分钟，完毕后可感到心灵的宁静舒适。长期坚持入静，可使能量消耗减少，肌肉的紧张和氧消耗量降低，脑电波稳定而有节律，心跳和呼吸频率减慢，微循环得到改善，脑血流量增加，血压下降，血液中作为疲劳生成素的乳酸盐也明显降低，必能起到防病健身延年益寿之功效。

另外，如果心中烦乱，而又有其他事情暂时不想静坐，不妨放下手边的事，走到窗前深呼吸一两分钟，也能快速起到稳定心绪的效果。

第 六 章

闲生活

林语堂说："中国人之爱悠闲，有着很多交织着的原因。中国人的性情，是经过了文学的熏陶和哲学的认可的。这种爱悠闲的性情是由于酷爱人生而产生，并受了历代浪漫文学潜流的激荡，最后又由一种人生哲学——大体上可称它为道家哲学——承认它为合理近情的态度。中国人能囫囵地接受这种道家的人生观，可见他们的血液中原有着道家哲学的种子。"

但曾几何时，随着现代文明的快节奏步伐，忙碌成了很多人的生存写照，人们总是步履匆匆，忙到忘了吃饭、忘了休息、忘了微笑……甚至忙得手忙脚乱、头昏脑涨，忙出病痛。

退休后的老年人，可以不再为工作而忙碌不迭，不必把自己捆绑在社会高速运转的车轮上冲锋不休。从现在起，让自己疲惫的身心适时地停下来歇一歇，享受那种悠闲的田园式的生活节奏，回到我们那悠闲的古典情怀中。

第一节 人到老年，不能没有闲心闲情

1. 闲是一种自由自在的状态

很多人认为，人老了，退休了，没有工作负担，自然就闲了。这听起来有点道理，但也不全对。闲不止是时间有闲暇，闲还是一种心态。时间的充裕是老年人闲的保障，可如果没有一颗闲心，也无法进入闲

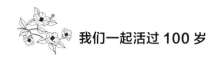
的状态。

还有的人对闲不以为然，觉得闲是一种消极怠惰的生活状态，人不必让自己太闲，就应该看起来老有事干，一件接一件处理生活的事务才是生活。这也是一种误区，所谓闲，更重要的是心灵的状态。每天无事可做，不一定有一颗闲心，他们会在焦虑不安、空虚寂寞中把时间消耗掉。而看起来手上闲不下来的人，做事从容不迫，他们自由地操控事务，而不是事务在驱使他们，这样的人反而更接近"闲"的状态。因为他们是自由的。

闲就是一种自由自在的状态——我在做事，我也可以选择不做，没有人逼我，我是事务的主人。为什么说闲就是自由自在呢？且看汉字的"闲"与"困"的区别。

这两个字有很多相似的地方，然而意义大相径庭。"困"的象形意义是一棵树被四周的院墙严严实实包围，孤独无依，也不出去，所以叫困。而"闲"字，则为"困"开了一张口，门敞开了，你可以选择留在里面，也可以出来，你是自愿在里面的，而不是被困在里面，这就是自由。"困"之所以为困，而不是自由，因为它只能呆在里面，没有选择。

试问有多少人一生之中被困在一个"困"字里？有多少人一辈子都没有为自己开一扇门，自由自在地"闲"下来？

年轻的时候为生计所困，接着为养育子女所困。中国人不像西方人，子女18岁以后便不管不问，多数人到老来又要为子女的困难而操心，如子女的工作无着落，子女创业没有钱等等。即使子女并非啃老一族，做父母的也甘愿主动把子女的困难揽到身上来。自愿把养老金拿出部分供子女创业，自愿为子女承担带养孙子孙女的任务，更不要提自己年老得病后，为治病就医所困了。

许多老年人就是这样，即使退休了，到了本该怡享清福的时候，却还陷在各种各样的"困"中。有的人就这样一辈子都把自己困住，只一味觉得自己没有享清福的命，却不懂得为自己留一道门，不懂得放下欲望，放下担心，放下疑虑，放下不必要的操劳，放下该放下的负担。他们没有真正体会过"放下"后的轻松感。

诸葛亮曾在给刘禅的呈文《后出师表》中说："臣鞠躬尽瘁，死而后已！"后来，他为了实现当初兑现刘备的辅佐刘禅光复汉室的诺言，最终累死在军营中！诸葛亮是累死的，为了光复汉室的梦想和刘备的嘱托，从此他再也不能返回去做那个隐居隆中，躬耕南阳，如闲云野鹤般自由自在的卧龙了。

我们是平凡的人，不是诸葛亮，不必让自己操劳到终老。

2．寂寞是杀手

很多人想当然以为，闲就是时间没地方用，不知道干什么。没事可干，当然就自由自在，整天需要没事找事打发日子，这就是闲。有的人一说起闲，还很容易想起乡野独居的况味，想起街坊间老人独坐，晒着太阳，目视行人等画面。

殊不知，这种所谓的闲，已经有些萧索寂寞的意味了，产生了意义上的游移，事实上已经扭曲了对"闲"的解读。

如果闲就是百无聊赖，无所事事，那就会产生另一种焦虑。

心理专家指出，真正健康的生活不应该让人感觉时间过剩。我们都知道，健康的生活一定是充实的。什么是充实？充实就是时间上都有合理安排，既不紧张，也没有浪费和虚度，给人一种内心的充盈和日常作息的充足感。

如果一个人经常无所事事，感觉时间没地方打发，很容易出现度日如年的感觉，于是闲着闲着，就会感到寂寞。百无聊赖的感觉常常与孤单伴随，人如果不孤单，总是有人陪伴，相对来说，便不那么容易产生无处打发时间的感受。

科学研究证实，寂寞是老年人健康的杀手。长期处在孤独寂寞中的老人，很容易变得精神不振，对生活失去信心，更容易衰老以及增加罹患心理疾病及其他一些疾病的危险。所以人到老年，会愈发害怕寂寞。

有心理学家做过实验：把一群老人分别带进一间无声无光、与世隔绝的舒适房间里，让他们住满 9 天，结束后便给以高额的实验费。实验的结果是老人们只待了两天便齐齐要求停止，因为那种无人共处的寂寞实在让他们感到恐惧。

孤独对老年人来说，已经成为全球性问题。在我国，现在很多家庭的现状是子女外出工作，一年回家次数寥寥，老人自己或者和老伴单独的生活在一起，而失去老伴的老人更是陷入难以言喻的孤独感中。中国传统的几代同堂热闹的家庭组合已经逐渐成为过去。

据来自韩国的数据报道，"黄昏的孤独"正在将韩国老人们逼向死亡。如今，因不能忍受老年寂寞而自杀的老人正在逐渐增多。韩国统计厅称，65 岁以上老人的自杀人数已从 2001 年的 1448 人上升到了 2011 年的 4406 人，10 年间增长了 3 倍。也就是说，韩国每天平均有

12 名老人自杀。

而我国呢？据调查显示，从 1990 年开始，中国农村老年人自杀率已从 20 年前的千分之一上升到现在的千分之五，并保持在高位，中国老年人口基数大，核算起来让人不敢想像！并且，中国老人自杀比例是其他群体自杀比例的三倍。数据还显示，中国失去自理能力的老人继续增加，2012 年的 3600 万人已增长到 2013 年的 3750 万人，未来将更多！

而这些触目惊心数据背后最大的因素，第一就是孤独，排在第二和第三位的才依次是疾病和贫困。无怪乎有人惊呼：寂寞是老人健康的头号杀手！寂寞正在把老人加速推向死亡！

据悉，相比于中日韩等东亚国家，欧美国家的老人单独生活的比例更高，许多人到老后陷入到郁闷、孤寂、悲凉的状态，全球因孤独患抑郁症的老人与日俱增。

徐坤是全国首条老年人精神关爱公益热线的创办人，从 2006 年起创办热线至今，接到的老年人咨询的电话不计其数。徐坤说，"我国城市社区老年人抑郁情绪问题的检出率为 39.86%，而 48% 有抑郁情绪的老人都是因为长期独居。"

一位因孤独而有自杀倾向的老人说过的一句话至今仍深深烙在徐坤心中，这位老人说："如果能有人每天跟我说 15 分钟话，这 15 分钟就像太阳，能温暖我一天。"

而子女打来电话咨询父母问题的也不少。有的人说父母的脾气变得越来越古怪，难以伺候；有的说自从母亲过世后，原本温和的父亲变得越来越无理取闹，脾气暴躁，常常跟儿女发生口角。

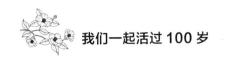

徐坤介绍，这些咨询中的绝大多数原因，都是老人孤独寂寞，缺少陪伴，又不懂得化解寂寞导致老人出现了心理问题。

寂寞已经不知不觉成为当今世界老年人生命与健康的杀手，如何排除寂寞，是每个老年人务必要学习的课题。

3．匆匆人生，你遗失了哪些美好？

闲不是无所事事，闲不应该产生寂寞，闲是人处于自由自在的状态，成为生活的主人，时间任你支配和使用。好比一位娴熟的画家，面前铺上一张白纸，空间宽阔，任自己涂上色彩和线条，使生活充实而有意义。而寂寞的人就像一个不会画画的人，手拿画笔面对白纸不知所措，笔下只有空虚寂寥。

把你的时间涂上色彩，让有意义的事物释放、注入进你生活的每个小时，像斟酒一样盈满它，让酒香四溢，这样你的老年生活就会有意义，才不会感到寂寞空虚。

不要以为你没有东西可充盈你的时间。回想人生，岁月匆匆，你是否错过了许多美好的东西？是否有过想做而没有做的事？是否有过从少年起就有过一些想实现的愿望而未能如愿？你不必给自己压力，正如第二章说过的，不必让自己追逐一些"目标"重新变得忙碌起来，你只需靠近它们，向心中那些朦朦胧胧存在很久没有实施的事情靠近就行。因为你的目的不是为了达到一个目标，取得一个成就，你的目的是为了不让自己寂寞。

现在开始整理你人生的记忆吧，想想从小到大，从青年到中年，直到人生的黄昏，在这漫长的岁月里，你有过哪些内心的冲动？有的是长久萦绕在你心头的梦想，有的可能只是一闪而过的念头，有的是清晰实在的想要实现的愿望，有的可能是朦朦胧胧的意识冲动，你自己还没有认识，需要把它们从记忆的后花园里发掘出来，塑造它们。

静下来好好想想，你一定多少会清理出一些曾经的愿望、冲动、想法，兴趣甚至是好奇。如果你曾爱好音乐和乐器，但一直没时间进修，那么你现在可以选择一门乐器充实生活了；如果你儿时有过当画家的梦想，那你现在就可以拿起画笔；你年轻时可能有过想当演员的梦想，现在可能实现不了，但是现在各种文艺学习中心，及电视台的各种草根选秀节目，让你靠近年轻时的梦想也不是不可能。还有各种老年学习班和老年大学，在那里不但可以丰富业余生活，陶冶情操，学到知识，还能交到许多老年朋友，排解生活的寂寞和孤单。

即使你想不到曾经有过哪些被埋没的爱好、愿望和冲动又有什么关系？现在就可以培养自己的兴趣，找一些事做。我的舅舅年轻时爱好体育运动，到老年后运动不了，便培养出了对唐诗宋词的爱好，沉淀其中，渐渐地还能自己写诗填词了，后来还通过网络加入了一个退休老年人的诗词创作团体。

当你全神贯注投入在自己喜欢的事情上，自然而然地就能忘掉一切，哪还有多余的时间让你自叹寂寞无奈？说不定还会觉得每天的时间不够用，到时候记得可别走向另一个极端，即前文说过的快节奏当中去了。

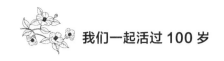

第二节 现在开始，做个"闲人"

1. 即使忙，也要忙里偷闲

宋朝诗人黄庭坚曾有诗曰："人生政自无闲暇，忙里偷闲得几回？"从中，我们多少可以品出一种在人生道路上欲罢不能的力不从心。

尤其是现代人，生活越来越忙，节奏越来越快，穿梭往来于浮生之中，就像一首流行歌曲中唱的那样，"为了生活，人们四处奔波"。甚至现在连年过五旬的中年人都感叹，再过十几年变成白发老者时，恐怕整天还得忙忙碌碌，真是搞不懂生活的真意了。

但事实是，忙碌与悠闲不一定矛盾。只要处理得当，二者可以共存。

古人云：一张一弛，乃文武之道。人生也应该有张有弛，有松有放，即使忙，也要忙中有闲。俗话说"磨刀不误砍柴工"，适当休息可以提高做事的效率。悠闲与工作并不是无法调节的矛盾体。只有会休息，才能更好地工作。

第二次世界大战时，已近70岁高龄的英国首相丘吉尔，每天都要工作16个小时以上，但是他却依然保持精神爽朗的工作状态。究其原因，就在于他很善于忙里偷闲。只要一坐上汽车，丘吉尔就不再过问任何繁琐的杂事，充分利用一路上的时间休息。此外，他每天都坚持午睡1个小时。晚饭后要在办公室的床上睡上2小时左右，醒来后立即精神饱满地投入工作，直至次日凌晨。

周总理也是一个很会忙里偷闲的人。在乘车、接见外宾前或会议中间，只要条件允许，周总理都会打一个盹儿，养一下神，然后再投入紧张的工作之中。

美国著名心理咨询专家理查德·卡尔森在他的《让事情更简单》一书中建议：越是在忙碌的时间段里，越要给自己一个短暂休憩的机会，安排一个"迷你假"，不论你在这个"迷你假期"里做些什么，都会对你大有益处的。这可以让你短暂地充一充电，恢复能量，更高效地做接下来的事情。

在自然界，春夏生机勃发，莺歌燕舞；秋冬则万物沉寂，处于休眠状态。人也是自然界的一部分，所以理应顺应自然规律和节奏，松放自如，张弛有度。其实无论在什么年龄段，青年也好，老年也好，真正健康的生活不能一点忙碌的时候都没有，健康的生活应该是忙碌与悠闲合而为一。以辩证的思维看，因为忙碌的存在，才恰恰衬托出悠闲，使悠闲更成为悠闲。时时刻刻，每日每夜完全悠闲的生活是不可取的，它会让人整个的身心长期处在松软的状态下失去弹性，有悖于一张一弛的自然之道。人在这种身心彻底松软的状态下，很容易加速老化，所以有时候我们会看到一些生活无忧无虑，衣来伸手饭来张口的有钱老人，反而比那些有事需要忙碌的同龄老人看起来更老。

同理，忙碌得闲不下来的生活也会损害健康。老年人偶尔有一点忙不是坏事，说明你的生活依旧充满活力，但一定要记得忙里偷闲。

名人大多事务繁多，惜时如金，时间往往比任何人都显得不够用，可是许多名人并没有让自己总是处在忙不迭的状态中，他们很善于将工作与休息结合在一起，也就是忙里偷闲。

俄国大文豪列夫·托尔斯泰，从青年时代起就酷爱体育，骑马、狩猎、滑雪、体操，样样精通。托尔斯泰著作等身，他在写作空隙，常常会放下笔来到健身房做二十分钟的器械体操。他经常为前来拜访自己的客人做双杠表演，其纯熟和惊险的动作常博得来访者的称赞。

爱尔斯金是美国近代诗人、小说家，又是出色的钢琴家，他谈及对时间的利用方法颇值得借鉴。

爱尔斯金十四岁时，每天勤奋练琴。他的钢琴老师卡尔·华尔德问他："你每次练习的时间多长？是不是有个把钟头？"

爱尔斯金回答："不，我每天练习三四个小时。"

他的老师摇摇头说："这样不好。你将来长大以后，每天不会有长时间的空闲的。你可以养成习惯，一有空闲就几分钟几分钟地练习。比如在你上学以前，或在午饭以后，或在工作的休息空闲，五分钟、十分钟地去练习。把小的练习时间分散在一天里面，如此弹钢琴就成了你日常生活中的一部分了。"

爱尔斯金后来在哥伦比亚大学教书，同时想从事创作。可是每天上课、看卷子、开会等事情把白天和晚上的时间占满了，差不多有两年一直不曾动笔，因为感到没有时间。后来他想起了小时候卡尔·华尔德老师告诉他的话。

于是爱尔斯金开始实验起来，只要有五分钟左右的空闲时间，就坐下来写作一百字或短短几行。结果出乎他的意料，一个星期后，竟积有相当的有待修改的稿子了。后来他用同样积少成多的方法，创作长篇小说。教授工作虽每日繁重，但每天仍有许多可资利用的短短余闲。他同时还练习钢琴，发现每天小小的间歇时间，足够从事创作与弹琴两项工作。

爱尔斯金提示，利用短时间有一个诀窍：你要把工作进行得迅速。

如果只有五分钟的时间给你写作，切不可把四分钟消磨在咬你的铅笔尾巴上。也就是事前要有所准备，到工作时间届临的时候，立刻抓紧时间，心神集中，因而不像一般人所想像的那样困难。

爱尔斯金这样工作繁重的人，都能充分利用工作的零星间隙时间从事业余活动，普通的老年朋友们，只要你有心，要做到忙里偷闲更不会是难事。

2．闲是老有所为，是对生活的新发现

德国哲学家叔本华说："智者，总是享受着自己的生命，享受着自己的闲暇时间，而那些愚不可耐的人总是害怕空闲，害怕空闲带给自己的无聊，所以总是给自己找些低级趣味的游戏，给自己一点暂时的快感。"

有的人时间有了，却不知道怎么度过，于是闲出了寂寞。前面说过，闲不是无所事事，而是对时间自由从容地掌握，给它们灌输生活的意义。所以闲需要去发现，去寻找有意义的事来做。除了回忆自己人生中曾经有过哪些愿望外，其实生活中的点点滴滴，许多地方都可以让我们随时从中去发现，开辟出一条条充实晚年生活的林荫小径。

孙女士 1999 年由于单位改制提前退休回家，现在六十多岁的她依然打扮时尚、思想前卫。她的两个儿子都不在本地工作。退休后的她原本也开始感受到了生活的冷清。有一次在无聊中翻看以前的相册，回忆着往昔岁月，孙女士忽然灵机一动，想起了自己上网时看到别人制作的 Flash 动画，心想自己何不也学学，把多年来的老照片也制成

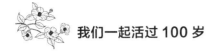
Flash 动画呢？

孙女士说干就干。去买了 Flash 动画制作新手入门的教材，看着书一步一步地学，越学越沉淀其中，觉得其乐无穷。由于兴趣盎然，很快就能熟练运用 Flash 动画制作软件，接着又学会了 Photoshop 创意设计。她把从前的老照片翻制到电脑里，从年轻到老年，从黑白到彩色，与家人、同学及朋友的合照，制成了精美的 Flash 相册，并传到网上，与朋友们分享，俨然一部多姿多彩厚厚的人生画卷。看着那些从泛黄的青春印记开始一路走过来的岁月风景，不禁勾起人无尽美好的回忆。

孙女士制作的 Flash 动画获得了网友和朋友们的好评。现在孙女士不但可以制作很多 Flash 动画，而且还成为了青岛新闻网"夕照霞光"社区的版主。

一个人只要对生活充满激情，任何时候都不会寂寞，都能有所为。

82 岁高龄的宋老先生居住在河北省石家庄市。石家庄是个严重缺水的城市，水资源透支令人担忧，节约用水迫在眉睫。宋老先生突然想起自己１６岁时在海岛上当兵的经历：当时岛上没有淡水，大家饮水要靠舰艇定期往岛上送淡水，对缺水的体会深刻，并在那种缺水的环境里总结出了不少节约用水的好方法，养成了节约用水的好习惯。于是宋老先生结合自己的亲身经历和体会，自己制作宣传品，自编歌谣，到幼儿园、大中小学、社区、厂矿等地做节约用水的宣讲，所到之处受到了人们的欢迎，不久分别被石家庄市人民政府、石家庄市节约用水办公室、精品导报等评为义务节水宣传优秀个人。河北电视台也来找宋老先生拍了《一水多用》的电视宣传片，在这整个过程中，宋老先生十分开心，感到生活变得充实而有意义。

热爱生活的人永远都是善于发现生活的，他们能在貌似平淡余闲的生活中开辟出新的天地，丰富自己晚年生活的意义，做到老有所为。而那些总是觉得生活寂寞难熬的老人，往往是因为对生活已经缺乏热情，对周围的一切麻木冷淡。

对生活的热情程度与年龄并没有什么关系。巴金说："没有人因为多活几年几岁而变老，人老只是由于他抛弃了理想。岁月只能使皮肤起皱，而失去热情却让灵魂出现皱纹。"所以，只要永远有一颗热爱生活的灵魂，一定能找到有意义的事，让自己闲余的晚年生活充实有意义，老有所为。

3．不妨利用每天的闲暇做一点养生操

爱尔斯金使用闲暇的诀窍就是充分利用每天的"时间碎片"，哪怕只有五分钟时间也不放过，长年累月，积少成多，便做出了相当的成绩。人到老年，大多不再为工作、生计奔忙，看起来余闲颇多，但由于人生已临黄昏，其实时间更为宝贵，即使是生活中几分钟的碎片时间，也不妨象爱尔斯金一样利用起来，做一些或怡情养性或修身健体的小活动。

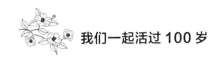

下面介绍一些不用占据多少时间，可以随时在每天的"时间碎片"中进行的养生操。

一、揉腹操

揉腹养生在我国已有数千年历史，腹为"五脏六腑之宫城，阴阳气血之发源"。现代医学认为，经常揉腹可增加腹肌和肠平滑肌血流量，增强胃肠内壁肌肉张力及淋巴系统功能。可促进胃肠蠕动，防治便秘，并保持精神愉悦，有助睡眠。经常揉腹对肾炎、冠心病、肺心病、高血压等慢性病也有一定辅助治疗作用。每日揉腹１０分钟，对身体健康大有裨益。

具体做法是：先按顺时针方向绕脐揉腹 50 次，再逆时针方向按揉 50 次。按揉时用力要适度，转速要慢而匀，呼吸自然，精神集中，不要光注意手掌，还需注意腹内、脊骨，同时可将腹部微收，以增加对五脏六腑的按摩作用。

但要注意的是，揉腹不能在过饱或过饥的状态下进行，而且要排空小便。当腹内有急性炎症或恶性肿瘤时也不能进行。

二、捶背

中医认为，人体的背部是督脉和足太阳膀胱经循行之处，而且五脏六腑皆系于背。背正中的脊柱是督脉必经之地，脊柱旁是膀胱经，有抵御外邪入侵的作用。但是当人体逐渐衰退时，风寒之邪最易侵入人体，背部往往首当其冲。背部受寒，易致心肺受寒邪，可诱发冠心病、气管炎、肺炎、哮喘等，还可引起旧病复发或加重。

所以老年人在每天的短暂间隙中，可用保健锤多捶捶背。捶背没有什么技巧，从上到下，反反复复，时长任意。长此以往，既利用了"时间碎片"，无须额外安排时间，又可促进经络通畅，增强抗病能力，是一种十分有益的健身小动作。

三、下蹲吐纳

吐纳导引是我国古代人民为了对抗疾病、延缓衰老而创立的自我锻炼的方法，即通过吐纳导引排毒去浊，吸进清气，达到养生的目的。《吕氏春秋》记载，早在4000多年前的唐尧时代，"民气郁瘀而滞着，筋骨瑟缩不达，故作为舞以宣导之"，导引排毒由此而生。

现代医学认为，人体肺内有大量的肺泡，成人肺泡总数可达7.5亿之多，这些肺泡上布满了毛细血管网。血液中的血红蛋白携带着机体代谢过程中产生的二氧化碳，在肺泡的毛细血管网进行气体交换，即留下二氧化碳，带上吸入的氧气，再输送到全身各组织细胞。可见古人以意念将吸入之气送入五脏六腑、四肢百骸的吐纳之术，也不是毫无道理。

下蹲吐纳是一种简单易行，可随时进行的健身小操。当你正在煮饭，做不了其他事，或者看书报，看电视累了，都可以利用哪怕短短的三五分钟时间进行。

做法：双手叉腰，双脚与肩同宽，两眼平视，屈膝缓缓下蹲，脚跟离地，重心落在脚尖上，同时口中念"哈"字，将腹中浊气吐出，起立时吸气，意守丹田，意想自己已经把新鲜空气吸入丹田。运动宜缓，周而复始，也可用半蹲姿势，反复30次左右即可。

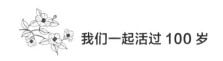

四、摇头晃脑、抓耳挠腮

所谓摇头晃脑，就是慢节奏地左右上下晃动脑袋，以头不晕眼不花为标准。所谓抓耳挠腮，就是搓揉自己的双耳，自上而下，反复５０次。别看只是如此简单的两个小动作，却能刺激人体多个部位的穴道，有防病健体之功效。

摇头晃脑可以使颈椎关节及相关的血管、肌肉韧带等组织得到舒张，增加脑部供血，并减少胆固醇在颈动脉血管积沉的可能，有利于预防中风、高血压及颈椎病的发生。

中医云：耳者，宗脉之所聚也。人体各器官均有神经末梢聚集在耳朵上。拉引、按摩耳朵能通过神经末梢对各器官进行刺激，促进血液、淋巴的循环和组织间的代谢，调节人体脏腑机理，使机体得以改善，达到强身健体的作用。

第七章

品生活

人生下半场，跨过了辛勤劳作阶段，阅历丰富、心智成熟。渴望健康，期待幸福，无疑是广大中老年朋友的共同追求。

生活慢了下来，于是就能进入品味生活的状态。一日三餐细嚼慢咽，享受可口美味，学会欣赏和烹饪厨艺；增加与家人、朋友相处的时光，深度交流分享快乐；品品茶香、听听音乐，营造休闲环境；放慢生活节奏，享受生活中美好的分分秒秒。

幸福似穿鞋，松紧自明，重在感受；

幸福如喝水，冷暖自知，实在体验。

生活是一杯清茶，需细细品尝。初入口时也许感到苦涩，可是一旦沉下心来，细细品味之后又发觉浸入舌根的是无尽的香醇与浓厚。

生活也是一面镜子，请细心观照。你以什么样的态度对待，它就以什么样的态度返照。

百样生活，百样人生，进入老年，应带着一份感受和欣赏的心境去品味世间的点点滴滴，体验人生暮年那道晚霞的绚丽！

第一节 生活每天都是在享受

1．让生活的每一天都成为生活的目的

有的人把生活当成一杯水，饮水是为了解渴；有的人把生活当作一杯茶，每一口都是在品啜。

　　其实生活本来就像一杯茶，多数时候平平淡淡，但又有味道，意味深长，需要你一口口慢慢品啜，领悟茶中三味，品出感悟，进而升华出生活的哲学。所谓茶禅一味，就是指茶中有禅理，须用心品味，生活的道理与品茶一样。多数人每天都要喝茶，只有过好每一天，把每一天都当成一杯茶，细细品味，才能在平静洒脱，悠游自在中领会生活的真谛。

　　这个世界中，太多的人在纷纷扰扰的社会浪潮中随波逐流，已经渐渐搞不清楚生活的目的。许多人忙忙碌碌一生，却不知道自己的忙碌是为了什么；很多人努力挣钱，却并没得到享受。赚钱的目的本来是为了使生活更舒适，让人生更幸福，偏偏很多人相反，钱挣得越来越多，人反而越来越苦恼，每天活在竞争的压力中，轻松不起来。钱是越来越多了，事业越来越前进，却渐渐遗忘了生活本身的目的，失去了舒适，失去了健康，甚至减耗了生命，人却没有真正地享受到生活。钱在银行，人在天堂，成为对这个时代许多人无奈的写照。

　　我国还没有进入真正的老年社会，一个直接的原因就是我国中老年人口的死亡率较发达国家仍然为高。太多的人在事业拼搏中劳身忘命，从而到中老年之际身体不知不觉进入濒危状态。在中老年人的死亡率中，猝死的比例近年来持续升高，这与人们生活压力的增大不无关系。

　　余先生 49 岁，是一个警察，血压异常，但不算特别高。一次，他率队到异地办案，连续两天没合眼。在归来途中，余先生突然心前区难受，很快死亡。

　　孟先生 54 岁，是一家报社的编辑，从前并无心脏病症状，经常熬夜上班。一次和同事在单位打乒乓球后，忽然觉得胸闷异常，于是赶紧和同事打车去医院。途中，孟先生面色苍白，在说了一句"不行了，我要死了"之后，猝然去世。

廖先生54岁，企业家，有高血压史6年。一次在舞厅跳舞，时间过长，在音乐伴奏声中忽然不自主地松开舞伴的手，倒地身亡。

据悉，40岁至55岁的人群中，发生猝死的比例最高，其中50岁左右是顶峰，而且男性大大高于女性，约为6：1。

有多少人为了追逐生活的目标，在竭尽全力的途中忽然倒下？以为锦绣前程就在前方，却不知死亡已不知不觉埋伏在半路。因为他们不是在享受生活，他们只是向目的狂奔，好比一个有过伤病的运动员，在冲刺、跨栏时，尽快地达到终点是他们唯一的目的，而不是为了享受跨栏、冲刺这个过程，结果中途倒下，一切都没有了意义。

其实真正的生活好比散步，散步是为了享受过程，而不是为了结果。或者说散步的每一步都是各自的目的，品茶的每一小口都是一个目的。

可惜的是这个社会如同一架快节奏的机器，常常逼迫人们快速跑起来。快速的奔跑让人疲倦口渴，于是大口地喝水，逐渐地，人们也不再慢慢地品茶了。而茶是需要品的，解渴是一个目的，为了解渴的目的喝茶，又如何能品出茶中三味？真正的品茶不是为了功利的目的（解渴），品茶的意义就在于品茶的过程，这个过程本身就是目的。

我们常常忘记了我们的人生本来也是一杯茶，过好每一天，原本就是我们的目的。人生确实如一杯清茶，少年时是用第一道水刚刚沏好的茶，清香质醇，但还没有达到最佳。中青年时是第二道水添过的茶，这时的茶水的口感才趋于至善。不知何时起，我们却忘记了生活本来的目的，我们原本是为了生活更幸福才努力赚钱，然而在事业的奋斗过程中，却不知不觉地把赚钱，把工作当成了人生的目的，直至倒在了如火如荼的人生半途，才悔之晚矣。

我的一位朋友向我讲述了他的亲戚熊先生成功而又惨淡的一生。

熊先生是一家装饰公司的老总，妻子在家做全职太太，育有一儿一女，儿子已经进入大学，女儿在读初中。一家人原本很幸福。当他们把家搬进一座别墅后才三年，熊先生就永远告别了自己的妻子儿女，年仅 53 岁。

熊先生出身贫寒，中专毕业后四处打工，许多工作都做过。其貌不扬，学历平平，又没有任何关系的他工作不好找，但从农村出来的他能吃苦，许多又苦又累的工作只要能赚钱，他就做，如搬运工、采石工、送货员等等。一次机会，熊先生被一家小装饰公司招入当送货员。那是一家经营不善的小公司，熊先生进去后的两年中，公司越来越不景气，员工陆续辞职。

公司老板脸色日渐阴沉，但熊先生凭着这两年来的吃苦耐劳和聪明好学，对装饰知识和公司业务也懂得了不少。一次，又有一个重要的业务代表因为找到新的前程而辞职，导致公司一时缺乏人手，以至与有些客户的后续问题到了无人接洽的地步。老板面色铁青，唉声叹气，这时熊先生自告奋勇，说可以让他试试。

老板眼睛一亮，又疑惑地看了看熊先生，但还是点头答应。

结果出乎老板意料，熊先生对那次的业务完成得相当圆满。老板立刻给熊先生加薪，以后的业务工作也交给熊先生来做。然而公司当时的员工已经走了大半，摇摇欲坠，公司倒闭只在旦夕之间。于是熊先生一人肩负业务接洽、货物运输以及装饰工作。老板惊讶地发现熊先生是个多面手，不仅运货进货上吃苦耐劳，动作麻利，还越来越善于与客户谈业务，又能亲自做室内装饰，对装饰知识的理解和认知也相当到位。就这样凭着熊先生一人之力，一个原本要倒闭的公司又拖了四、五年之久。在那几年中，他几乎没有了休息日，一个人干着三个人的活，东奔西跑，疲于奔命，对身体的消耗极大，才三十出头，就有了些白头发。熊先生感念老板给予自己工作的机会和信任，一心想救活公司，但是凭一人之力终究难以扭转乾坤。老板申请了破产，出于对熊先生的感激，将破产后的一笔资金给予了熊先生作为报答。

之后，熊先生自己注册了一家装饰公司。虽然注册了公司，但很长一段时间，熊先生的公司都不足10人，连装饰工人都是临时招募的。创业的经历是艰难的，经历了许多弯路、险境，甚至也曾到濒临破产的境地。其艰难不再赘述。在妻子细心的协助下，十年以后，熊先生的公司终于屹立了起来，名声越来越广，业务纷至沓来，员工也有了数十人。

这时的熊先生四十多岁，他后来说，如果他在这个时候脚步放慢一点，以后的人生也许会很幸福。然而进取心旺盛的熊先生觉得这个时候要乘胜追击，反而加快了步子，着手在外省成立分公司，欲进一步成立全国连锁店。于是熊先生比以前更忙了，在全国各地飞来飞去成了他的常态，经常是上午在深圳，下午就去了上海，晚上又出现在东北。熊先生又不懂得放权，凡事亲力亲为。

熊先生45岁的时候，发现胃部出现疼痛症状，但他觉得人到中年，有点病痛也不奇怪，并没有因此放缓事业的脚步，直到后来胃癌晚期，才知道为时已晚……

这时，熊先生忽然发现自己这几十年的岁月，就没有好好舒心地品味过人生。从少年的贫寒，青年的劳苦，到中年时为事业的呕心沥血，他很少只是为了和家人在一起而享受生活的快乐。他大部分时间都在忙碌，在公司里，在各个城市来来去去，不仅自己没有悠闲自在地品味过生活，也忽略了与妻子、孩子之间的感情交流。如今人生已到终点，他在病床上含着泪懊悔地告诉朋友，在他四十多岁，事业已经渐入佳境的时候，就应该放慢脚步，把人生的天平靠向与家人在一起的天伦之乐上。他说他一辈子走得太匆匆，都没有来得及细心品味过生活。

不知道有多少人与熊先生有着相同的经历和命运，直到临终时，才意识到自己走得太过匆匆，都没有细心品味过生活的味道。就像猪八戒吃人参果，囫囵吞枣下肚而不知其味，徒留伤感和遗恨。

如果你身体健康，现在还来得及；如果你也走得匆匆，现在请停下或放缓你的脚步。我们应当切记，事业的拼搏，金钱的挣取，归根到底只是人生的手段，我们用这种手段去实现生活的幸福安康，后者才是我们的目的。

世人的错误，就是常常把手段当成了目的，以至真正的目的被遗忘而失去了幸福，所以经常有人疑问自己的辛苦是为了什么。

人生到了中年向老年过渡的阶段时，切不可被外界之事迷蒙了心中的眼睛，必须清楚事业、工作在人生的这个时候应该退居其后。人生的每个阶段都应该有属于这个阶段的生命状态。人在童年时是没有什么目的的，如果有，也是大人强加的，所以童年是快乐的，因为每一天都被我们细心咀嚼，童年的每一天自身就是生活的目的。中青年时为了事业马不停蹄，来不及细心欣赏沿途的风光，这是无可奈何，也是必须的。然而到了退休之后，便要重新回到生活本真的意义，这种本真就是无"目的"的状态。如同品茶不是为了解渴，品茶自身的过程就是品茶的意义；散步的意义不是为了去哪里，而是欣赏沿途每一步的风光。生活的目的不是为了别的，而是为了生活而生活，生活的每一天，每一个小时，每一分钟的过程，就是我们的"目的"。

只有回归生活"无目的"的本真，回归对生活自身过程的品味，你才能在晚年的生活中感受甚至重新发现生活的美满。

2．让阅读成为一种习惯

为什么在这里要强调阅读？因为阅读是一种能够放慢节奏，使人的身心安静下来的活动。在安静的阅读中，你会不知不觉进入舒缓、安静、沉淀的状态，而这恰恰是品味生活需要的状态。

说到阅读，随着社会的高速发展，生活节奏加快、工作负荷增加、物质生活日渐富足，国人的阅读率却持续走低。越来越多的人好像已经淡忘了读书所能获得的人生启迪。不知谁还记得许多年前，国人对阅读也曾如饥似渴的情景。

作家余华在《十个词汇里的中国》中回忆起童年时代的趣事：书店发购书票那天，余华黎明时分就到了书店，而购书者的队伍已经从书店大门蜿蜒而出了。八点十分，当书店老板告诉他们只有50张购书票时，"好像有人在冬天当头浇了一桶冷水"。排在第五十一个的郁闷地看着前面拿着崭新《安娜·卡列尼娜》的人，后来，51 在当地成为了运气不好的代名词。

改革开放三十多年后的今天，中国市场上的出版物可谓眼花缭乱。2012 年，中国出版的图书达到了 414005 种，册数为 79.25 亿册，超越了美国一倍多，位居世界第一。然而这只是表面的繁荣，我国居民对阅读的热爱与我国图书出版数量的繁荣事实上极不匹配，而且近年来的现象是国人似乎越来越不爱读书了。据 2014 年全国国民阅读调查报告显示，我国成年人人均阅读纸质图书 4.56 本，远低于发达国家水平。

书籍是人类进步的阶梯，读书是人类最好的精神滋养。关于读书的好处，无需赘言。然而现代社会，人们的生活压力越来越大，于是一部分人对金钱的渴望和追求达到了前所未有的高度，忽略了自身对知识的追求。人们的生活理想在悄然发生变化，有些人为了适应这种快节奏的生活，又迫于被社会所淘汰，不得不去"获取营养"，而"快餐文化"却成为他们吸收营养的主要手段。对于读书则会感觉"头大"，阅读习惯已经局限于一目十行，不肯静下心来读书。

相关数据显示，与每天平均花在电视上的 100 分钟以及 45 分钟在网上相比，我们只分出 15 分钟给阅读。当父母向孩子灌输"书中自有黄金屋"的古训时，我们对于 200 页的书只愿出 13.67 元，这仅仅是一杯星巴克冰拿铁价格的一半或三分之一张电影票的价格。面对国人对书籍如此冷淡的严峻局面，以至政府都要出台相关办法，建立全民阅读活动保障机制，建立健全全民阅读服务体系。

是时候向这种疏于阅读的社会风气说不了！即使你是老年人，而且老年人更有优势说不。因为人进入老年后不再迫于生活的压力，不再为了生计而东奔西忙，而且时间充裕了，这时不妨拿起书本，让知识的暖流填补进晚年生活的空旷中。如果你年轻时读书较少，现在你有的是时间从书本中补充精神的滋养了；如果你年轻时就爱读书，到了晚年更不应该丢掉这个良好的习惯。人们都知道书籍是知识的宝库，读人使人明智，但很多人不知道其实读书也是一种养生活动，对人的健康不无裨益。

读书有益健康，古人就已经朦朦胧胧感觉到了。古语说："养心莫如静心，静心莫如读书"。在现代科技时代，在大量科学研究与医学临床实验中，人们发现读书不仅对人的头脑，甚至对人的整个身体都有好处。

唤醒内心深处沉睡已久的那份闲适的阅读心情吧！亲近图书，你会更懂得品味生活。

读书可以平静内心

读书跟品茶一样，可以使身心放松。不要一目十行，而是逐字逐句地读。让书香从字里行间飘向你的心灵。读一本好书除了可以让你放松之外，你读的内容也可能给你的内心带来无尽的平静。临床发现，高血压患者读那些充满灵性，慰藉心灵的书籍可以降低血压，而且读书有助于帮助人们免受某些情绪失控和轻度的精神疾病的困扰。

读书可以刺激精神

研究表明保持精神亢奋可以减缓（甚至可能避免）老年痴呆症和精神错乱。因为大脑保持活跃和忙碌的状态可以防止大脑的衰退。就像身体的其他肌肉一样，大脑也需要通过锻炼来保持它的强壮和健康，有句话说"不用就没用",特别适用于人的大脑。而读书是锻炼大脑的一种绝佳"运动",因为读书既能刺激大脑的活力,又不会使大脑超负荷工作而损伤脑细胞,所以有些养生专家将读书誉为"大脑的太极拳"运动。研究发现,经常读书的老人不易得老年痴呆症,而从不读书的老年人认知功能衰退的风险会增加 3.7 倍,偶尔读书的老年人,这一风险也会高出 2.5 倍。

读书可以愉悦身心

读书何以能摆脱不良情绪的困扰?因为好书的字里行间闪烁着人类实践、才智的精华。格言警句让人警醒,至理名言让人彻悟,风趣的语言让人愉悦,优美的描写让人赏心,壮烈的故事让人感奋,生动的情节让人舒怀,温婉的叙述让人牵情,幽默的文字让人会心一笑,在不知不觉中既得到了精神上的享受,增加了生活乐趣,又获得人生的滋养,无形中使你累积了正能量。

读书可提高记忆力

当你拿起一本书捧读时,你就在不知不觉锻炼你的记忆力了。老人除了适宜读一些富含哲理及传统文化情趣的书籍外,建议也不要放弃对小说的阅读。因为老人读长篇小说有益于锻炼记忆力,在阅读的过程中必须分清楚各个角色的名字、背景、任务、性格心理以及一些细微的差别,同时也必须记住贯穿故事中的多角的复杂的情节。大脑是一个很奇妙的器官,只要你连续地读下去不中断,它就能很轻松的记住这些东西。令人惊讶的是,我们的大脑在阅读过程中创造的每一个新的记忆将打通神经链(大脑路径)并且同时加强已存在的路径,

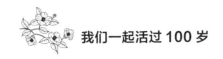

这将帮助召回短期记忆，同时也将稳定脑神经血液。所以经常读书有助提高记忆力，帮助老人保持大脑活力，防止老年痴呆症。

读书有益于晚年的精神健康

读书能提高人的精神境界，把生活中的孤寂变成享受。人到老年，难免会有对岁月的伤怀，这一切若能融入读书之乐的意境中，这些悲老叹息就会烟消云散。老年人已经走过了人生大半的风风雨雨，拥有宝贵的人生阅历，读书有助于将自己丰富的人生经历与前人的智慧结合贯通，得以思考和提炼，读书越多，思想就越深邃，愈加提升老人的智慧和眼界，使老人心胸豁达，热爱生活。爱读书的老人，不容易在生活中变得怪异、冷漠。

晚年沉浸在读书的乐趣中，能渐渐淡泊名利，远离生活中一些扰人的琐屑；能提升道德，完善人格，忘记了圆滑，受人尊敬；在书中与古今中外的人神交，增长了知识，遇事更能想得开，生活常自在。

读书是良药，医愚又疗疾。西汉刘向说："书犹药也，善读之可医愚。"南宋陆游说："病经书卷作良医。"读书对于人的精神健康而言，犹如一剂药物，能帮助人化解抑郁，宽敞胸怀。清代著名戏曲家、养生家李渔说："余生无他癖，唯好读书，忧借以消，怒借以释，牢骚之气借以除。"一本好书，是凝结了前人深厚的智慧的，读之具有调节情绪、平衡人体阴阳的心理治疗作用。我国古代医学著作《黄帝内经》中有聚精会神是"养生大法"之说，而读书恰恰可以使人聚精会神，丰富知识，在一定程度上抑制精神老化。

选择读怎样的书也很重要。老人要多读一些心理、卫生医药、修身养性等方面的书籍。此外，要多读古今中外那些先贤智者、文化名人的书。因为这些书在历史长河的淘洗中经历了时间的检验，包含着人类宝贵的智慧。

亚里士多德说：求知是所有人的本性。在古希腊人眼里，真正的求知就是为了知识而学习知识，而不是为了其他目的。因为求知本身就是一件快乐的事。就好比品茶本身的过程就是美妙的，而不是因为要解渴，散步本身就是轻松愉快的。

为什么在这里要强调读书的重要性？因为读书的道理与品茶、散步是相同的。只有懂得去除功利心，学会享受一切事物的过程，将过程本身视为享受和目的，我们的习性和心态才会自然而然进入品味生活的状态。读书能有效地锻炼我们品味生活的能力。

3. 放开手脚，为自己而活

人生不过数十载，恍惚间匆忙而逝。直到走入生命尽头才恍然大悟，所得所失，不过如此，只有快乐和痛苦是无限的。有的人回顾此生，不免哀叹自己蹉跎了那么多岁月，虚度了那么多光阴，都是在为别人而活，从不曾按自己的意愿而争取过。于是，仰天长叹，如有来生，定不会活得如此辛苦，束缚重重。然而，来生却不再来。

我很欣赏我的老师韦女士晚年的生活观念。她和先生都是教师，两人退休后在一处环境幽雅，空气清新的市郊买了一套百余平方米的商品房，离开了闹市的喧哗。小区旁边有一个小公园，早晨，夫妻二人去公园晨练，打打太极，晚上饭后也去公园散步，悠闲地享受生活的每一天。跟许多老人不同，夫妻俩不常打牌，时不时去去老年大学，培养一些爱好，修身养性。在家里则看看书，看看ＤＶＤ，先生经常

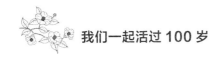

练练书法，钓钓鱼。他们每年出去旅游，但次数不多，控制在三次左右。早在十多年前，夫妻俩在上海的独生女就已经做了全职太太，她邀请夫妻俩每年到上海住儿个月，虽说是请父母过来享福，但去到上海后，夫妻俩很快发现自己不可避免地要帮忙带看孙女，还不如在家里自在。夫妻俩去了那一次后，便断然拒绝女儿的请求，说别损害他们享受老年生活的时光。这与许多老年人自告奋勇帮助带看孙子判然有别。老年人帮子女带孙子，既妨碍自己享受老年的生活，也容易造成一些问题和矛盾，如两代人育儿观念不同，孙子对父母情感的疏远等等。此后，韦女士夫妇至多每年去上海的女儿家里看望一两次，每次只住上半月左右，其余时间都住在他们在市郊的那处幽静的寓所，做着自己喜欢的事，养心怡情，悠游自在。夫妻俩现在已经快八十岁，依然身体健康，开朗愉快。

退休后的晚年是人生中一段重要的时光，如果不从功利的角度看，对许多人来说，它甚至是人生中最重要的一段时光。因为你卸下了工作的负担，卸下了曾经养家糊口的生活快车对你的捆绑，曾经的你上有老，下有小，不得不为他人而活。对许多人来说，唯有到了晚年，才可能是最自由的，可以好好地为自己而活，去实施那些久久蛰伏在心中的梦想，做自己喜欢的事情。

一个30岁的人，写信给一位百岁老人，诉说自己的苦衷。说自己从小就非常喜欢写作，可长大了却当了一名医生。他对医生这个职业一点都不感兴趣，仍想改行从事写作，但又担心年纪太大，为时已晚。老人看到信后，立刻给这位医生回了一封信，信中只有一句话："做你喜欢做的事，哪怕你已经80岁了。"

医生收到信后，受到鼓舞，当机立断放弃了现有的工作，拿起了笔杆。这位医生就是现在大名鼎鼎的作家渡边淳一，而那位名叫摩西的百岁老人曾是美国弗吉尼亚州的一位普通农妇。这位农妇在 76 岁时因患关节炎而放弃了农活开始画画，80 岁时在纽约举办了个人画展引起轰动，在她 101 岁辞世时留下了 1600 幅作品。

由此可见，年龄不是问题。品味生活就是做自己喜欢的事，不为其他，去掉功利心，只为享受过程。哪怕像摩西一样七八十岁才开始也不晚。

遗憾的是，很多人到了退休后的晚年，依然不能为自己而活，还在为子女，甚至为孙子有操不完的心，做不完的事。表面上他们说这是没办法，因为子女也有困难，自己没那个悠然自在的福气，实际上心里却是心甘情愿，常常主动请缨，帮子女代劳。

其实他们没有想过，儿孙自有儿孙福，船到桥头自然直。只要不是天大的困难，人总能迈过去，年轻人的办法终归要比老人多。这世上还有许多没有父母的年轻人照样要生儿育女。老年人关心子女是人之常情，但不要过分介入，操劳了自己，不要总以为没有了自己，儿女将寸步难行。要像我的老师韦女士夫妇那样，断然拒绝儿女的请求，既保护了自己晚年自由的生活不受侵害，也不使儿女产生依赖性，其实也有利于儿女。

还有些时候，我们无能放开手脚为自己而活，是因为我们太在意别人的眼光。为了能够活出别人眼中的精彩，我们常常丢弃自己的意愿，总在别人的评价中寻找自我的价值。别人漫不经心的一句奚落，足以击垮我们所有的自信。其实又何必呢？太在意别人的看法只会扰乱了我们自己的脚步，让自己活得愈加沉重。要知道人生的钥匙只掌握在你自己的手中，你有权打开自己生活中所有的锁扣，没必要听从任何人对你的指点。活着只为自己那是自私，而为了自己活着却是自在。

所以，请遵从自己内心最真实的想法，不要为了别人的眼光去做自己并不感兴趣的事，也不要因为别人的褒贬放弃自己的意愿。那样你的内心是煎熬的，无法获得宁静与快乐，人生匆匆几十年，你的时间已经不多了，如果还在意着旁人的眼光，不敢放开手脚，率性而活，压抑着自己，这样的人生值得吗？

2015 年 6 月 7 日，全国普通高校招生全国统一考试拉开帷幕。一位 86 岁的老大爷出现在南京一处考点，但他不是来送孙子的，而是来参加考试的。

据了解，这位老爷爷名叫汪侠，已经是第 15 次参加高考了。自 2001 年高考打破年龄限制以来，当年 72 岁的汪侠老人为圆他的大学梦开始参加高考，此后连续 15 年参加高考，但每次都铩羽而归。

汪侠老人 1949 年在南京五中高中毕业后，从事医疗工作几十年，1999 年取得医师职业资格证。遗憾的是由于时代和个人原因一直没能入大学深造，这成为老人挥之不去的心结。自 2001 年高考打破年龄限制后，退休后的汪侠老人便以耄耋之年圆大学之梦，一晃就是 15 年。

耄耋老人参加高考，这可是件新奇的事！周围的人也不乏异样的看法，说他瞎折腾，有毛病的都有。尤其是老人的事迹被新闻报道后，引起了全国的关注，网络上有的敬佩老人的精神，也有的质疑老人，说占用社会资源等等。

老人说："我参加高考不为名、不为利，也不是为了出风头，更不会和年轻人争饭碗，我从医几十年，只是想系统地进行一番学习，进一步巩固技术，触类旁通，得到社会承认的学历，圆心中的一个梦。"

据悉，2002年汪侠老人被南京医科大学临床医学系破格"录取"为旁听生。大学五年他每天按时到校，和接近孙子辈的学生一起上课、做实验，49门功课全合格，老师评价他医学基本功非常扎实。然而因无学籍，一直没能拿到毕业文凭。

这一次，老人第15次出现在高考现场。"这次准备得挺充分，我不紧张，会尽自己最大努力。"老人乐观从容地说。

试问有多少老年人有汪侠老人这样的勇气，不惧外界的眼光和质疑之声，一心一意只为圆梦？不管老人能否得到大学文凭，他的晚年生活也是充实有意义的，因为他真正放开了手脚，率性而为，活出了自己的精彩。

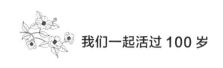

第二节 放下一切利害，让品味成为人生的主题

1. 品出人生的修养

品这个字，对老年生活是极为重要的。品字象形为三个口，意味着深入咀嚼和回味。我们都知道，老年人吃饭要细嚼慢咽，这样有利于消化，食物的营养才能充分吸收。世上的道理常常是一以贯之，一通百通的。老年人不仅吃饭要慢品，任何事情若都习惯于去品味，你会不知不觉有所得，你的智慧、认知、乃至自身的修养都会因为"品"而发酵、生长。

这就是为什么有些人老了，我们会发现他们愈加厚道；有些人老了，却古怪蛮横。那些进入暮年以后愈发厚道淳良的人，都是善于品味生活，追求精神境界的老人。

俄国大文豪列夫·托尔斯泰认为自己相貌丑陋，自称"丑陋的列夫"。但一位日本作家说，他感觉托尔斯泰进入老年后，容貌越来越好看，他认为很美。尤其是那对目光，宽和、怜悯，仿佛照耀着世界和灵魂的最深处。托尔斯泰自己曾说："随着岁月增长，我的生命越来越精神化了。"

当一个人在日常生活中善于品味，其智慧和修养就会渐渐地提升，而相由心生，修养的提升会反映到人的面部，所以有的老人让人觉得慈眉善目。

在品味生活，品味人生的过程中，自己也是一个不可遗忘的对象。一个高超的品味者，绝不会放过品味自己。托尔斯泰在深沉的内省中寻找人生的终极价值，留下了感人至深的作品。曾子曰："吾日三省吾身。"古往今来的先贤、智者，有着丰饶精神世界的名人，无不善于内省。在这里通俗地表达，其实就是把自己作为品味的对象，细细咀嚼，自我观看，渐渐地发现了自己的毛病，更进一步认识了自己，从而提高了修养。

基督教提倡忏悔，儒家提倡内省、慎独，两者有着共同的机制，都是把自己作为客体来进行观照。

荀子曰："见善，修然必以自存也；见不善，愀然必以自省也。""修然"是整顿、修缮的意思。这句话的意思是说，发现自己身上善的、好的东西，一定要把这个东西在你的心里好好修缮，使其越发巩固；发现到不善的地方，就要用一种忧虑的心来反省自己。

王阳明说："省察克制之功，则无时而可间。如去盗贼，须有个扫除廓清之意。"就是说反躬自省是没有时间间断的。就好像看见了盗贼，马上就要去抓捕，不能怀着缓一缓，以后再说的心思，那样的话积弊就会越来越多，而不是真正的内省。

曾国藩每日进行的"日课"中，内省是一个相当重要的内容。尤其是用写日记的方式进行自我批评。

梁启超也说："随时省察，每一念动，每一用事，皆必以良知以自镜之。"就是说你每一动念，每一发言，都要用良知这面镜子照一下。

有的人只是生活忙碌，有的人却是内心忙碌。生活忙碌的人，内心不一定忙。那些内心总是匆匆忙忙，浮躁不安的人，修养很难得到提升。因为他们失去了停下来、静下来，观看自己，欣赏自己的能力。就像茧越磨越厚一样，经常品味自己，自己的心性、修养才会日渐提升。

一个真正善于品味生活的人，不会把自己排除在品味的对象之外。品味自己并不只是给自己找缺点，同时也是欣赏自己，发现和巩固自己的长处，给那些优点以心理暗示。就好像一个自信的人是喜欢照镜子的，从中欣赏自己的美，同时也发现一些不美的疏忽之处，修饰和更改。

善于品味自己的人，就像磨茧一样，修养会越来越醇厚。从而在晚年，即使面容衰老，精神气质也会熠熠生辉。

2．"品"是一种善良的眼光

会品生活的人，是细腻的人。会留心观察生活中的一切人和事，不光品自己，也会品他人。他们会在日常的点点滴滴中发现生活的美，也会发现和记住他人身上的优点，哪怕只是一丁点的闪光。

人无完人，金无足赤。生活在世上的每个人都有自己的优点和缺点。很欣赏电影明星徐帆说的："我从不把"完美"二字用于人。有优点又有缺点才能叫作人。"不是吗？关键是你怎样去看别人。聪明人会用欣赏的眼光去细心观察周围的世界：明媚的阳光、鲜艳的花朵、翠绿的山野、潺潺的溪流，炎炎烈日下忙种的农民，路边下棋的老人，还有正在嬉笑玩耍的小朋友……一点一滴，人间处处美如画！

徐帆也曾在电视节目中说过，她没有发现过真正的"坏人"。结合徐帆前面那句话，她的意思是每个人都有优点和缺点，只是有的人的善你没发现，你只顾看到他不好的地方，有的人的优点暂时被缺点所压制。一个人身上的优缺点是难以量化的，很难说谁的优缺点各占百分之多少，是优点多还是缺点多。当你只盯着一个人的坏处看，你会觉得对方是个坏人；而只要善于发现对方的优点，就会觉得人人都是那么可爱。

有一个故事，说苏东坡有一次和佛印一起打坐参禅，下坐后两个人聊得兴起。

苏东坡素来喜欢捉弄人，看佛印穿着黄色的袈裟，肥肥胖胖，忍不住说："你知道我看你打坐的时候像什么吗？"

佛印问："像什么？"

苏东坡说："我看你像一坨屎！"

他以为佛印会大发脾气，然而佛印看了苏东坡一眼，说："我看你像一尊佛。"

苏东坡有些意外，但也感到飘飘然。回家跟苏小妹说："以前跟佛印论禅，从没有赢过，这次大胜而归"。把经过讲给了苏小妹听。

苏小妹说："哥哥呀，你这次输得更惨了！"苏东坡不解，问："此话怎讲？"

苏小妹说："心中有何事物就看到何事物，佛印心中有佛，所以看你就是佛；而哥哥你心中有污秽之物，你看到的自然就是牛粪。可见印老的心境比你高啊！"苏东坡恍然大悟，只好认栽。

是的，佛的眼里只有佛。心中装着什么，看到的就是什么。心中只有他人的缺点，目光所及，人人都是坏人。

徐老太是个苦命的人。十五岁时家中失火，父母俱亡，只有她幸存，寄居在姑母家。因为经常被姑母一家虐待，她逃了出来，沿途乞讨进了城，后来昏倒在一家皮革厂门口。徐老太被皮革厂收留，成为一名女工，接着结婚生子。谁料好景不长，两个孩子还在读小学时，

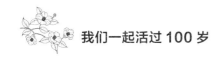

丈夫就因车祸去世。徐老太当爹又当妈,含辛茹苦把两个孩子抚养大。然而儿子不学好,因偷盗抢劫被判入狱,女儿也交友不慎,染上了毒瘾。

厂里自建了两栋房子,员工优惠,但数量有限,徐老太也想买,由于没有优先照顾她,最终没分到。为此徐老太找厂长大吵了一架,认为像她这样困难的人理应照顾她。徐老太逢人便诉说自己命苦,说这辈子亲人不得力,子女不争气,自己还总是受他人不公正对待,从童年到老年,从亲戚到厂长,再到车间主任,喋喋不休地抱怨他们,似乎谁都对她不好。

厂里有一位比她还年长几岁的刘奶奶听她老是抱怨,突然问:"你还记得当年你昏倒在厂门口,是谁把你救起弄到自己家里的吗?"

徐老太一怔,陷入了回忆,"好像是那个……"

刘奶奶告诉她是某某某,徐老太这才好像突然记起。

刘奶奶说:"你连她都不记得了,那你更不会记得当时谁给你做了骨头汤和炖鸡补养身体,还有哪些人给你送了衣服和生活用品。"

徐老太木然呆滞,显然那么久远的事情,在记忆中已经寻觅不到了。

刘奶奶说:"这些人中,就有你最不喜欢的车间主任,还有我。"

刘奶奶接着说:"你一辈子都在抱怨这抱怨那,别人的不好你记得清清楚楚,但别人对你的好你却总是忘记。心里只装着别人的不是,记不住他人的恩惠,当然觉得自己命苦。你这样子,久而久之人家也不愿意对你好了,所以你就觉得这个世界对你越来越不公平!"

是的,只有对生活常怀感恩之心,才能发现生活的美好以及他人的美好,这是人的善良的体现。有些粗枝大叶的人,就好比那一路逃难的难民，脚步匆忙不安，跌跌撞撞，哪有心思去欣赏沿途的风景，留意生活中的美丽？他们的注意力全放在自己的生存利益上，他人的恩惠不久就忘记，他人给自己造成的麻烦却刻骨铭心。品味二字在他们身上是不存在的，那些须要细品的生活中的美丽，须要细微观察的他人身上的闪光，这些迟钝的人已经很难做到了，仿佛生存的压力使他们的心灵失去了某种细微品尝的能力，好比一个口渴的人只会端起茶水一咕噜地豪饮，而不会品出茶的味道，甚至忘记了是谁在他焦渴时递来一泓甘泉。

有这样一个故事：

某个城市，有一年正闹饥荒，那里的人们到了饥不择食的地步。当时，有一位家庭殷实而且心地善良的面包师看到饥饿的孩子们，便把他们聚集在一起，拿出一个盛有面包的篮子，对他们说："这个篮子里的面包你们每人一个。在上帝带来好光景以前，你们每天都可以来拿一个面包。"

那些饥饿的孩子们一听，立即像一窝蜂一样朝那个篮子涌了上来，他们围着篮子推来挤去，大声叫嚷着，谁都想拿到最大的面包。可是，当他们每人都拿到面包后，竟然没有一个人向这位好心的面包师说声谢谢，就头也不回地走了。

这时，面包师意外地注意到一个小女孩，她叫依娃。她既没有与大家一起吵闹，又没有与其他人争抢，只是谦让地站在一步以外，等别的孩子都拿到面包以后，她才把放在篮子里最小的一个面包拿了起来。

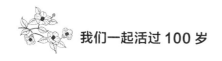

面包师以为她会像其他的孩子那样离去，但出乎他意料的是，小女孩并没有急于离去，不仅向他表示了感谢，还亲吻了他的手之后才向家走去。

第二天，面包师又把盛面包的篮子放在了孩子们的面前，其他孩子依旧如昨日一样疯抢着，羞怯、可怜的依娃仍然是最后一个，只得到一个比头一天还小一半的面包。然而，奇迹发生了。当她回家以后，妈妈切开面包，许多崭新、发亮的银币"哐当"的一下掉了下来。

妈妈惊奇地叫道："立即把钱送回去，一定是面包师揉面的时候不小心揉进去的。赶快去，依娃，赶快去！"

当依娃把妈妈的话告诉面包师的时候，面包师面带慈爱地说："不，我的孩子，这没有错。是我把银币放进小面包里的，我要奖励你。愿你永远保持现在这样一颗平安、感恩的心。回家去吧，告诉你妈妈这些钱是你的了。"

小女孩激动地跑回了家，把这个令人兴奋的消息告诉了妈妈，这是她的感恩之心得到的回报。

故事中的小女孩正是因为怀有一颗感恩的心，她才得到面包师的馈赠。如果她像其他孩子那样，不懂感恩，那么她也只能仅仅得到一块面包，不可能得到银子。

人们常说人生要感恩，其实感恩不仅是一种品德，还是一种能力。只有当你时刻留心品味生活中的一切时，你才会发现每一缕阳光、每一株花草，每一个人身上的美好之处，从而记得感恩图报，对世界充满着善念。我们自身与世界也因此变得更加美好。那些内心匆匆忙忙，不会细品生活的人，常常是容易忘记感恩的，他们眼中的世界也是灰暗的。

再看这样一个故事：

有一个生活贫困的男孩为了积攒学费，挨家挨户地推销商品。然而，上天并没有眷顾他，他的推销进行得很不顺利。傍晚时分，他疲惫万分，感到饥饿难耐，几乎想放弃一切。

在这种几乎绝望的情况下，这个男孩子敲开了一扇门，希望主人能给他一杯水。开门的是一位美丽的年轻女子，她笑着递给了他一杯浓浓的热牛奶。男孩和着眼泪把这杯牛奶喝了下去，这杯热牛奶使他重新燃起了对人生的希望。在他的不断努力下，许多年后，他成了一位著名的外科大夫。

一天，一位病情严重的老年妇女被转到了那位著名的外科大夫所在的医院。大夫顺利地为妇女做完手术，救了她一命。无意中，这位大夫发现这位老妇人，正是少年时的他在饥寒交迫时给了自己一杯热牛奶的年轻女子！于是，他决定悄悄为她做点儿什么。

当一直为昂贵的手术费发愁的老妇人硬着头皮去办理出院手续时，竟意外地发现手术费用单上写着七个字：手术费——一杯牛奶。

故事中的男孩子就是怀有一颗感恩的心，许多年后，将自己的感激之情回报给了那位美丽的女子。有一句话说："知恩图报，善莫大焉。"所以，我们应该时常用一颗感恩的心来面对生活，坦然接受命运的挑战，勇敢地面对生活中的坎坷，那么我们就会在"山重水复疑无路"时，

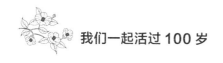

体会到"柳暗花明又一村"的惊喜。

一个善于品味生活的人，一定是懂得感恩，并善于发现他人美好的人。不管对亲人、朋友，还是同事等，就像面对大自然的鸟语花香一样，他们都是自我品味生活的对象。人到老年，就会喜欢回忆，应该细腻地品味自己的人生经历，当作一道甜美的饮食，细致地发现他人身上的真善美，记住人生中那点点滴滴的友善，回味那许许多多一丝丝温暖过自己的善意的光束，细细咀嚼，感恩怀念，其味无穷。老年人若有着这样的心态，你会感到晚年生命状态的充盈饱满，灵魂的愉悦与丰饶，身体也健康充满着活力。

3. 品自身，疾病早发现

人生需要品味，世界需要品味。最后，在品的过程中，也别忘了品自身，即自己的身体。既学会与自己心灵对话，又要学会与自己的身体对话。很多人就是内心不肯平静，匆匆忙忙浮躁不安好像总要去哪里，不肯停下来观照自身，所以反省不到自己的内心，修养难以提升，也反照不出身体的隐患，做不到对疾病的防微杜渐。

品自身，就是把自己的身体作为一个观察对象，观照自己，找出毛病。老年人平时不妨多照照镜子，多照镜子是一种心理暗示，能养成品自身的习惯。而且常照镜子不仅能增加自信，通过认真视察脸上的蛛丝马迹，还能及早发现疾病的征兆。

须知"望、闻、问、切"就是中医诊病的原则，其中又以"望诊"为首，通过看面部和舌头，就能在一定程度上推断其病情。

你不妨学习学习通过照镜子这种最直接的"品味"自身的方式，

来观察自己的健康状况。一般情况下，健康的面色应是红润而有光泽的，如果肤色晦暗、苍白、萎黄，或有褐色斑，就提示可能是有疾病在"作怪"了。

肤色晦暗是在提示气血运行不畅，有微循环障碍；面色苍白则有可能是猛然受惊，也许心、肾、肠胃有问题，或血压猛然降低；萎黄是贫血的典型信号；脸发青、发黑，则标志着肝胆肾出现功效障碍；嘴唇是健康的窗户，通常应当是红晕有光泽的，变淡可能是贫血，变暗则是在提示有淤血、循环不行；面部若油脂太多，则是脂质代谢混乱或是肠胃积热，毒素较多。

另外，人们常常用"红光满面"形容人气色好，可老年人如果过分的"红光满面"，还是要留心，这可能是高血压、脑血管疾病的表现。大多数高血压病人，内分泌系统发生改变，会导致交感神经兴奋，容易出现脸红。此外，甲状腺功能亢进、结核病也会导致"红光满面"。如果你没来由地"红光满面"，还是应当到普通内科进行检查为好。

舌头也是发现病情的绝佳"侦察兵"，平时照镜子，最好也多看看舌头。正常时的舌头应当是淡红而有光泽的，变淡意味着气虚，色彩越重则意味体内积存的毒素越多，假如舌苔腻，像有一层豆浆或牛奶敷在舌面上，要特别当心可能是心、脑、肺出现了问题。

但照镜子也得选择合适的时间，因为不同的时间，面相、舌相有可能发生变化。最好早晚各照一次。早起后不要马上照，喝点水活动一会儿再照，反响的情况最真实。其次，要在自然光线下照，而不要在灯光下看。再次，要平视，仰头、低头都不精确。最后，要在相对静息的状态下看。

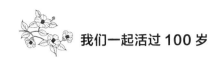

除了要常照镜子观看自己的面部情况，还有一些其他的身体特征也意味着健康出现了险情，平时务必要留意。

（1）突然变瘦

有些老年人会突然地"老来瘦"。其实很多疾病会导致老年朋友消瘦，常见的病因依次为恶性肿瘤、糖尿病、甲亢、结核病等。癌细胞恶性繁殖，也会消耗体内大量营养物质，导致消瘦；而体重减轻是糖尿病的典型症状之一。如果你一个月体重减轻了5—10斤，就应上医院检查是否因为疾病所致。

（2）说话变得大声可能是听力减退

说话声音变大的原因常常是因为自己听着费劲。到底是耳屎没清干净，还是耳背或者重听，抑或是其他感觉神经病变引起的听力障碍，都应该去耳鼻喉科做检查和评估。听力不好虽然不影响寿命，但会严重影响晚年生活的质量。

（3）爱揉眼睛或有眼疾

人到老年，若经常揉眼睛，看东西费劲，可能是老花眼的正常表现，但也可能是因白内障、近视性黄斑部退化、湿性老年性黄斑部病变、糖尿病眼底病变等导致的视力障碍。如果发现自己不知从何时起爱揉眼睛，视力下降明显，应到眼科检查。现在已有越来越多新的药物及手术，能保证治疗效果。

（4）头晕是中风前兆

如果你反复出现瞬间眩晕，头晕目眩，视物旋转，几秒钟后又恢复常态，可能是短暂性脑缺血发作，是中风的先兆，应及早诊治，防止中风发生。

（5）肢体麻木

中老年人当出现肢体麻木的异常感觉，突然发病或单侧肢体乏力，站立不稳，很快缓解后又发作，切不可掉以轻心。如伴有头痛、眩晕、头重脚轻、舌头发胀等症状，或有高血压、高血脂、糖尿病或脑动脉硬化等疾病史时，应多加以注意，以免引发中风。

（6）说话吐字不清

这有可能是脑供血不足。因为脑供血不足会使人体运动功能的神经失灵，常见症状之一是突然说话不灵或吐字不清，甚至不会说话，但持续时间短，最长不超过 24 小时，应引起重视。还有原因不明的口角歪斜、口齿不清或伸舌偏斜都要注意。

（7）哈欠不断

如果无疲倦、睡眠不足等原因，出现连续的打哈欠，这可能是由于脑动脉硬化、缺血，引起脑组织慢性缺血缺氧的表现，是中风病人的先兆。

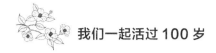

（8）嗜睡

中老年人一旦出现原因不明的困倦嗜睡现象，要高度重视，很可能是缺血性中风的先兆。

（9）走路姿势奇怪，易跌倒

这可能是中风造成的脚无力、关节炎造成的跛足、糖尿病的周边神经病变、姿势性低血压引起的步态不稳、帕金森患者的步伐细碎等。可通过一项简单的"起立行走测试"判断你的步态是否正常：先坐在椅子上，然后在不扶任何东西的情况下站起来，向前走3公尺，转个身，再走回椅子坐下。20秒内能完成的话说明你的身体没问题，若超过40秒，就应到医院做进一步评估。

（10）近期饭量、口味变化大

偶尔吃得多了或少了是正常的，但如果一段时间内饭量突然增大，可能是糖尿病、甲状腺亢进、抑郁焦虑症等疾病的信号。而老是不想吃饭，并伴有潮热、出汗或其他不适的话，则要提防是不是消化道肿瘤或者其他疾病的征兆。所以，平时要留心观察自己的食欲和饭量情况，若短时间中忽然变化较大，则必须警惕。

（11）发色突变

若你的头发突然变白或变黑，这必然是身体病变的强烈反应。白发突然增多，要警惕是老年失眠症、抑郁症的倾向。而如果白发突然变黑，并同时出现皮肤变嫩、性功能亢进等现象，有可能是垂体肿瘤、肾上腺细胞癌等疾病的早期征兆。

（12）刚刚发生的事就忘记，要防痴呆

昨天发生的事就不记得了，可 20 年前的那场同学聚会却能连细节都不落下；出门不是忘了带钱包就忘了拿钥匙；炒菜的时候将味精当成了盐等等，这些都很有可能是老年痴呆症的先兆。

对自己身体情况的品察是人到老年必须养成的习惯，切不要把身体出现一些病态的变化视作人老了身体自然衰退的正常现象。老人要善于每天觉察自己的身体情况，早早发现疾病的苗头，及时采取医疗养护措施，防患于未然，经营一个健康长寿的晚年！

后记

  岁月有春、夏、秋、冬，人生有幼、青、壮、老，这是自然规律，谁也无法抗拒。春季万物欣荣如幼童成长，夏日骄阳酷暑似青年冲劲十足，秋季如中年得以人生的收获，严冬则像一位进入暮年的老者，厚重深沉。

  用中国古人天人合一的观点看，人是宇宙的一部分，人体自身就是一个小宇宙系统。《道德经》说：人法地，地法天，天法道，道法自然。宇宙的运转机制就是人体的运转机制，宇宙的法则就是人生的指南。人生的每个年龄段好比四季，也应该同宇宙变化一样有不同的运转方式。具体地说，就是幼、青、中、老要有不同的生活准则，这样才合乎天地自然的精神，才能健康、和谐、美满。《易经》说：时止则止，时行则行。就是说人生的行动要随着"时"的变化而更改。一个时间阶段到尾了，某些行为就要停止；新的时间阶段开始了，就要开始新的行动。一句话，人生的每个阶段都要有属于这个阶段的行动内容和行事风格，每个阶段都应该有不同的生活准则。这就是古老的《易经》哲学反复提示给我们的，人生要与时携行，要因时而易的道理。

  遗憾的是，随着现代社会的高速发展，流行的行为方式与观念的频繁与深度传播，现代文明让人们的生活正前所未有地呈现出一种"趋同"现象。人们渐渐遗忘了人生要与时携行，因时而易的自然之道，越来越多的人在特定的人生阶段没有给自己做出相应的人生策略，尤其是中老年人，不懂得跟随自然的节奏因时调整生活的准则，于是当今社会出现了这样一个矛盾的现象：一方面因物质生产与医学的进步延长了人们的寿命，一方面中老年人罹患身体和心理疾病以及不幸福感的比例却大大超出了过去的年代。

从中国古老的养生哲学来看，这就是因为人脱离了自己在宇宙运转中的"序位"，脱离了序位，就失去了和谐，自然滋生病痛和烦恼，因为违背了天人合一。看看现在的书籍、杂志、网络，各种教你成功，教你生活的观念横行，但多是宣扬一些"共相"的东西，缺乏针对性，少有为不同类型、不同职业、不同年龄的人量身定做的生活与精神的参考指南；图书市场上关于生活、幸福主题的图书不计其数，也是大而笼统地以"共相"内容为主，专门研究中老年人群体，为中老年人的生活、心理、健康与修养撰写的综合性指南却并不多。

事实上，只要我们愿意去研究，会发现过去年代的老人们，尽管物质生活比不上今天，但身体病痛与心理不幸福的比例却比现在的老人们更低。可以说，今天人们寿命之所以延长，完全是生活条件的提高与医学进步的原因，而许多中老年人的生命状态与这个时代给予的优越环境并不匹配。按理今天的老人们完全应该活得更幸福，更健康，更长寿！这其中的源委是人们对生活的理解出现了问题，将生活中那些原本自然而然的生活之道给丢失了。

我的外婆一生勤劳节俭，精明能干，不仅认识一些字，刺绣、裁衣、做包点也样样拿手。由于祖父是郎中，外婆还粗通医理和中草药知识。外婆的节俭和能干曾使家庭在特殊的年代里度过了重重困难。起早贪黑地做包点、小吃和凉面，晚上还要绣花，这些事情成了她几十年如一日的常态。她是一位身体十分硬朗，几乎没有得过病的老人，仅仅在生命历程的最后两年病卧不起，去世的时候不到七十岁。与此相对的，是比外婆小很多岁的我的小舅外公，他是一位退休老干部，最注重身体保养，但不时有些小病小痛，晚年最关心的就是各种医学上的养生资讯，养生讲座，严格按照那些所谓的保健规则安排日常生活，每天补品不断，被晚辈们评论最舍不得亏待自己的一位老人，而且晚年脾气古怪，常常动不动就和晚辈们生气。这样一位条件优越的老人也只是活到八十一岁便与世长辞，在当今生活优裕的老年人群体里，实在算不得长寿。似乎大限到来，什么都挡不住，任凭你如何专注养生，最后反而还没有活过一些辛苦劳碌的老人。

　　有时候我会想，如果外婆和小舅外公这两位老人之间的时差改变一下，交换两者的位置，假如勤劳乐观的外婆有了小舅外公的生活条件，她会不会活得更久？如果小舅外公处在外婆的生活环境中，会不会寿命比外婆更短？这是很有可能的。当今社会许多人到了晚年，越来越不懂得如何正确地把握幸福。这种不正确有的是可见的，直接表现在生活中的方方面面，有的是无形的，主要是心理上的状态。那些内心中细微的，难以觉察的负面因素，也许是决定你晚年康泰的关键因素。它们有的会表现到你的生活中，操纵着你的行为，有的会隐而不显地发挥作用，如蛀虫般一点一点从心理深处开始咀嚼破坏，从心理影响到生理机能，使你晚年的生活呈现出斑驳不堪的颜色。

常书远

182